幾何光學

耿繼業、何建娃、林志郎　編著

全華圖書股份有限公司

作者序

自 1960 年代雷射問世後，光電科技的應用才廣泛的受到注目，光學乃是光電科技的基礎，它經歷過緩慢而長期的發展後已漸趨完備。從十七世紀牛頓提出光是由粒子組成，也就是「粒子說」開始，經過數百年的發展後，確立了光的二相性—光同時兼具了粒子與波的特性，幾何光學所探討的範圍，就是把光界定在「光呈現出粒子特性」的一門理論。

「光到底在什麼條件下會呈現出光子的特性？什麼條件下會呈現出光波的特性？」這個問題不會有一個很精準的答案，換句話說光子與光波之間的界線並不像「楚河漢界」般的涇渭分明。我們只能說，當光照射在物體上時，如果「光波波長遠遠小於物體的大小時」，光就會呈現出粒子的特性。從這個觀點來看，日常生活中所見的光學現象大部分是符合幾何光學的範疇的。

幾何光學是光學中重要的一支，它成為透鏡設計、儀器光學、計量儀器光學、軍事儀器、醫療儀器、攝影儀器等領域中不可或缺的一環，因此可以說是一門重要而又實用的學科。

本書根據實際需要，選擇了基本的幾何光學知識，提供給初學者打好基礎，內容適合做為大專院校中光電、物理、電機系及視光系等所開設之光學課程的教材，也適於讀者自修之用。每一章中都詳述了幾何光學的主要原理及應用，並配合例題及習題的演算，以達融會貫通的目的。

本書的初版是在陳繩籌教授的鼓勵下出書，再版則是全華圖書公司大力的協助，在此特別表示十二萬分的謝意。書中若有疏漏之處，還請讀者們多多予批評指正。

耿繼業
何建娃　于台北

編輯部序

Preface

　　「系統編輯」是我們的編輯方針，我們所提供給您的，絕不只是一本書，而是關於這門學問的所有知識，它們由淺入深，循序漸進。

　　本書介紹最基本的幾何光學知識，內容詳盡介紹光的特性及應用。而幾何光學是光學中重要的一支，是設計透鏡設計、軍事儀表、醫療儀器、攝影儀器等領域中不可或缺的一環，可說是一門重要又實用的學科。本書內容適合做為大專院校光電系、電子系、視光科／系「幾何光學」之課程。

　　同時，為了使您能有系統且循序漸進研習相關方面的叢書，我們以流程圖方式，列出各有關圖書的閱讀順序，以減少您研習此門學問的摸索時間，並能對這門學問有完整的知識。若您在這方面有任何問題，歡迎來函連繫，我們將竭誠為您服務。

目錄

Contents

Chapter 1

光學基本原理與發展

1-1 光的本質

光是我們與宇宙之間的聯繫。通過光,我們可以察知周遭環境,進一步享受五彩繽紛的世界。但是,到底什麼是光呢?雖然早在公元前 4~5 世紀,對於簡單光學現象的描述及光本質的猜想已有正式文字記載,但到了十七世紀中,牛頓(Isaac Newton)提出了光的粒子說,惠更斯(Christiaan Huygens)以波動理論證明了光的反射與折射特性,此時才可說是光學在理論上的一個真正發展的開始,也開始了光是「粒子」或是「波動」的爭論開端。

雖然一直以來「光直線前進」和「投影」之事實讓大多數人認為光是「粒子」,但1801 年,楊氏(T.Young)用干涉(interference)理論解釋干涉現象,並第一次成功的測定波長,1818 年,菲涅耳(A.J.Fresnel)又將光的繞射(diffraction)理論結合惠更斯原理與干涉理論,成功的解釋光的干涉、繞射和極化(polarization)等現象。在 1873 年,馬克斯威爾(J.C. Maxwell)以其著名的電磁理論證明了振盪電路會輻射電磁波,而且電磁波的傳播速率與光的傳播速率相同,接近 3×10^8 m/s,因此更加強了光就是「波動」的概念。然而對於後來提出的一些實驗,例如光電效應、康卜吞效應等實驗所觀察到的結果,以光具有「波動」的特性是無法加以解釋的,而必須把光視為具有質點的「粒子」特性才能圓滿解釋光電效應。有關粒子和波動的差異,可以簡單歸納出以下幾點有助瞭解上述兩派學說(光波動說(wave theory)和光粒子說(particle theory))的論點:

(1) 粒子具獨占性;波可以共享空間。
(2) 粒子有明確的位置描述;波廣泛分布。
(3) 粒子有明確的行進軌跡;波可廣泛傳播。

　　雖然這兩派學說後來都各自有不合理之處而被推翻，但我們仍可從下表中看出當時對於光的認知的兩派學說的差異：

光波動說(wave theory)/惠更斯	光粒子說(particle theory)/牛頓
1. 1678 年「光論」 光最不可思議的性質是，光線互相穿過，一點也不妨礙彼此的行進。 2. 以機械波的觀點出發，認為光藉著「乙太」來傳播。 3. 觀測到光的「干涉」和「繞射」現象。光粒子說無法給出令人信服的解釋。	1. 相信光粒子說的原因 　1) 均勻介質中光直線前進 　2) 光可在真空中傳播，而波需傳播介質。 2. 牛頓以古典力學說明了光的傳播定律，牛頓當時的權威，使粒子說極為盛行。

　　後來，愛因斯坦在 1905 年至 1917 年間發展出光子的新概念，就是為了解釋一些與光的古典波動模型不相符合的實驗結果。當時被普遍接受的古典電磁理論，儘管能夠論述關於光是電磁波的概念，但是無法正確解釋光電效應的實驗現象。愛因斯坦提出光本身就是量子化的概念，他認為光是帶著電磁波能量的載體，稱之為「光量子(light quantum)」，並提出光能量的不連續性的概念，每個光量子的能量(E)等於 $h\nu$，其中，h 是普朗克常數；ν 是光波頻率。1926 年，美國物理化學家吉爾伯特‧路易斯正式提出「光子(photon)」的命名，而光子這個名詞同時包含了「粒子」和「波動」的概念在其中。最終，對於光的本質普遍為人們所接受和理解的就是光的「波粒二象性(wave-particle duality)」。

普朗克(Max Karl Ernst Ludwig Planck, 1858~1947)與愛因斯坦(Albert Einstein, 1879~1955)

　　利用光的量子理論，就可以對光電效應所產生的所有問題做合理的解釋。光的量子理論認為當光子照射在金屬表面時，被碰撞的電子對於光子的能量可以完全吸收或是完全不吸收，如果電子獲得了光子的全部能量，則這些能量一部份用來克服電子的束縛能，剩下的能量則轉為電子逸出時的動能脫離成為自由電子(又稱光電子)。由於逸出電子所需要的能量是由光子所供給，所以只要光子的能量夠克服最低束縛能，不論光子數目的多寡，都有機會使電子逸出，所以無論照射光的光強度強弱如何，電子逸出的時間必定相近，不會有時間延遲的現象發生，這也是光電效應的重要特性。

1-2　光譜概述

　　1664 年牛頓用三稜鏡色散產生的彩虹光來研究光譜，他將光譜分為紅、橙、黃、綠、藍、靛、紫 7 色，這確立了人們普遍對光的的顏色認知。牛頓進一步發現這些個別色光無法再進一步分離，同時也觀察到由於色光前進的速度不同，所產生的偏折也會有所不同，這種因各色光的折射率的差異，所造成的光的偏折而分散的現象便是「色散(dispersion)」。牛頓的光學研究讓人們對光的探索不再只局限於光的行進路徑和強弱，而為往後的光譜學開啟了嶄新的局面。

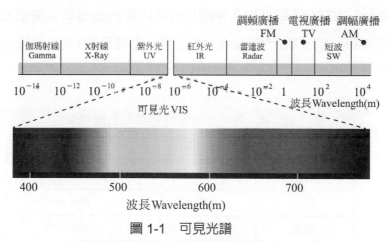

圖 1-1　可見光譜

(圖片來源：國家實驗研究院)

　　嚴格來說，當我們在談論「光」這個名詞時，通常指的是「可見光」，是專指人眼可見之光，這其實只是電磁波頻譜的極小的一部分。那麼人眼為何可以『看見』電磁波呢？這是因為人類視網膜上有感光色素細胞，這些細胞會吸收特定波長範圍的電磁波，進而形成一連串複雜的生理反應產生視覺(包括亮度和色彩)。可見光的波長範圍大約在 380~760 nm，紫光的波長最短；紅光的波長最長。從圖 1-1 可以看出從紫光到紅光，隨著波長的變化和範圍，在此範圍之外的部分則是人眼看不到的電磁波，包括 X 射線(x-rays)、紫外線(ultraviolet, UV)、紅外線(infrared radiation, IR)、微波(microwave)和無線電波(radio waves)，以上這些都是屬於非可見光(invisible)。

　　值得注意的是，我們生活上通稱的各色光(例如：紅光、綠光、藍光等)，其實並非指特定的單一波長，而是一個波長範圍，且各色光之間並沒有明顯的界線。進一步來說，光波可分為單色光及複色光，以單色光來說，不同波長即代表不同的顏色，表 1-1 列出各色光的波長範圍和相對應的頻率，從長到短分別為：紅、橙、黃、綠、藍、靛、紫，各顏色之間波段是連續而且漸進的，不會有明顯的分界。而如同前面所提到的視覺基本原理，各種顏色的概念是人類對於一些波長範圍所產生的視覺所定義的共同語言，例如波長範圍在 620 nm~750 nm 被稱為紅光，綠光則是 495 nm~570 nm 的波長範圍。而某些生物(例如鳥類)甚至可以『看到』紫外光，換言之，其他物種所看見的「光譜」是和人類有所不同的。至於複色光則是由不同波長的單色光所混合而成的混色光，一般日常生活中所見的光線(例如陽光、日光燈、手電筒等)大多是複色光，所以經過折射後會產生色散的現象，這會在本書的第二章詳談。

表 1-1　各色光的波長範圍和對應頻率

各色光	波長(nm)	頻率 THz
紫光	380–450	668–789
藍光	450–495	606–668
綠光	495–570	526–606
黃光	570–590	508–526
橘光	590–620	484–508
紅光	620–750	400–484

　　對於顏色問題有一專門的學問「色彩學」，是指研究人眼對色彩規律的一門科學。彩色視覺對人眼非常重要，它讓人們得以感受到五彩繽紛的世界，甚至影響人的心理和生理反應，例如紅色通常讓人看了會產生熱血沸騰的情緒，又如綠色看了讓人產生平和的心情，而有些人為調整出來的特殊色彩是有專利保護的。然而，人眼對不同波長的可見光所感受到的色彩不盡相同，並非每個人的色彩感受都是完全一樣的，同屬正常視覺的人，也會有一定程度的差異。基本上，大多數的顏色可以透過紅(R)、綠(G)、藍(B)等三原色以不同的亮度混合比例產生，這是色彩學的基本原理。由兩個相鄰原色混合可得更亮的中間色，例如：紅＋藍＝紫、紅＋綠＝黃、綠＋藍＝青，而此三個中間色又可以分別與對角的原色互稱之為互補色，只要是兩互補色相混合就會形成中間的白色，例如紅＋青＝白，因此我們說紅和青(綠＋藍)是互補色，又如綠＋紫＝白，綠和紫便是互補色，其他依此類推。

　　色彩學的概念在其它方面的應用上也同樣重要，如圖 1-2 所示，複色光(例如包含：紅、橙、黃、綠、藍、紫等)經過一片透光的藍玻璃後，在玻璃的後方，人眼只見到藍色，這是因為只有藍色波長的光能傳送穿透玻璃，其餘波長(顏色)的光的能量都被玻璃吸收了，這也使的玻璃的溫度會因此增加。我們可以進一步來思考，當單色紅光照射一枝紅玫瑰花時，為何葉子溫度會比花瓣高？那是因為紅光照射到玫瑰花瓣後幾乎全部反射，讓我們看見「紅」玫瑰；而照射在葉子上的紅光則全部被吸收，因此葉子的溫度就升高了。那麼如果用單色綠光來照射同樣的玫瑰花時，又會有甚麼現象產生呢？答案是你將看到黑玫瑰！理由同上，花瓣不會反射綠光，反將綠光全部吸收，因此便呈現黑色了。此外，在色彩學中也很重要的是對比度和飽和度問題，這不在本書介紹的範圍內，讀者可在專業的色彩學書籍中獲得詳細知識。

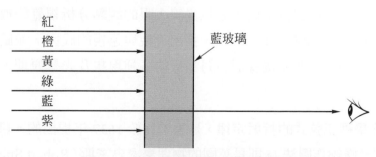

圖 1-2　複色光經過藍色玻璃後的現象

1-3　光學發展概述

　　光學「optics」一詞源自古希臘字，意為「看見」，這也呼應了前面所提到的視覺概念，換言之，人們對光的探討主要是從可見光開始的。人類對光學的研究起緣非常早，遠在公元前 700 年，古埃及人與美索不達米亞人便開始磨製和使用透鏡，後來在前 6~5 世紀時古希臘哲學家和古印度哲學家相繼提出了許多有關視覺和光線的理論，幾何光學則是在希臘-羅馬時代開始萌芽。在文藝復興時期與科學革命時期，光學開始出現戲劇性的突破，即繞射光學(diffractive optics)的出現，於此之前所發展的光學稱之為「古典光學」；而二十世紀發展的光學研究領域，如光譜學與量子光學，一般稱為「近代光學」。

　　公元前 300 年左右，歐幾里得在專著《光學》裡，將視覺與幾何連結在一起，創建了幾何視覺理論，又發展出透視法理論。歐幾里得的視覺機制理論屬於「視線模型」，這模型也是一種發射說。根據這模型，從眼睛發射出的視線形成一個圓錐體；當視線碰到物體時，眼睛會感覺到物體的存在，就好似身體碰到物體的觸覺一樣，從被碰視線的圖樣與位置，可以獲知物體的形狀與位置。這套理論雖然有部分早已不合時宜，但在歐幾里得之前，科學家提出的視覺理論都是籠統的定性理論，直到歐幾里得的數學想法定義筆直的視線，且能夠用邏輯與幾何論證，奠立的幾何光學的重要基礎。

　　著名的天文學家克卜勒的貢獻不僅僅在探尋宇宙天體運行規律，因大氣會影響天文觀測，而使克卜勒致力發展建構相關的光學理論。他在 1604 年出版的《光學》一書中，前半部討論光的本性、光的形狀、反射及像的位置、折射、視覺。有別於歐幾里得，他在探討光線的反射與折射時，是以光線入眼的觀點分析視覺的機制，在書中詳細畫圖一一說明眼睛各個構造及其功用，指出近視與遠視的成因，並闡述眼鏡的光學原理。書的後半部則以這些基礎探討日月星辰的各種現象及光學原理，包括日食、月食、視差等。

　　現今幾何光學裡正弦式的折射定律，是笛卡兒於 1637 年提出的。目前物理教科書所廣泛使用的「三條線作圖法」，則是英國的物理學家史密斯（Robert Smith, 1689~1768）在他 1738 年出版的四卷本《光學》發展出來的方法，這部《光學》被認為是十八世紀影響最大的一本光學教科書。

一般基礎光學依光的性質和實驗結果，可區分爲三類：

1.　幾何光學(geometrical optics)：

　　　將光視爲粒子處理，但考慮的是其整體的特性表現，亦即對光的描述是用光線(ray)和光線的集合-光束(light beam)以及物點、像點等爲概念的光學，並未涉及光的物理本質。簡而言之，就是探討光線或光束在行經不同介質時的表現，這些表現包括光的行進路徑的變化，以及成像的性質。

　　　光在眞空或單一介質中將總是直線前進，換言之，如果介質始終沒有改變，那麼將沒有可以探討的問題。我們所關注的是光在行經不同介質時將會有何變化，如圖 1-3 所示，這部分可簡單地歸納出幾個基本現象：反射、折射和吸收，其中，反射和折射可說是貫穿整個幾何光學的關鍵，包括光的會聚、發散和成像的問題。

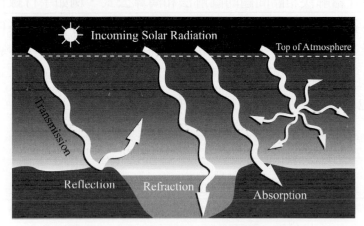

圖 1-3　光在行經不同介質時的基本現象

2.　物理光學(physical optics)：

　　　將光視爲電磁波處理的光學，又稱波動光學 (Wave Optics)。研究的是關於干涉、繞射、偏振和其它在幾何光學裡射線近似不成立的種種現象，也就是說如果光的波長遠小於儀器或物體的尺寸，能取波長趨向於零的極限爲近似，可使用幾何光學的方法來解析問題；對於光的波長與儀器或物體尺寸相當的情況，則光的波長不可忽略，須改用物理光學的方法來解析問題

3.　量子光學(quantum optics)：

　　　將光視爲粒子處理，但探討的是個別粒子本質的光學，亦即用量子的觀念來說明光粒子的本質及其應用的光學。換言之，量子光學是以半古典物理學及量子力學來研究光的現象以及光和物質在次微米尺度下的交互作用。

1-4 本書章節簡介

　　本書各章節主要是研究光與物質作用時，在光波長遠小於物體的尺寸下，光所表現的整體行為，也就是屬於幾何光學研究的範圍。以幾何光學為基礎的光學應用，基本上是著重在設計各種光學儀器為主，所發展出的專門學科提供給設計工作者非常重要的理論依據。

　　有關本書幾何光學的內容，從第一章光學基本原理與發展以及第二章光的傳播，了解光的本質、光學發展的歷史，以及光傳播的基本原理和各種現象。從第三章到第七章開始，首先介紹各種常用的光學透鏡，例如稜鏡、楔形鏡片、凸透鏡、凹透鏡等，接著認識各種光學系統中光線的傳播行為與特性，包括光的會聚、發散、透鏡種類、成像原理等，將介紹解決相關問題的圖解法和演算公式，例如平行線作圖法、斜線作圖法、造鏡者公式、牛頓式等，其中最重要的是要了解在各種不同條件及不同光學系統下的成像性質。第八章介紹光學系統中重要的各類像差問題，這在光學儀器的設計製造和驗光配鏡的應用上尤為重要。最後在第九章和第十章分別簡介光欄和幾種常用到的光學儀器(包括眼睛、放大鏡、顯微鏡和望遠鏡等)的構造和特性。

Chapter **2**

光的傳播

2-1 光的直線傳播

在研究電磁學或流體力學方面的問題時，習慣上我們會藉由實際不存在的"電力線"或"流線"等，來闡釋或計算相關問題。同樣的，在討論幾何光學時，我們也利用"光線(ray)"或"光束 (light beam)"作為分析和計算的重要概念。光線可假想為是由許多光子(photon)連續不斷前進的軌跡，光線不存在粗細問題，只有方向；光束則可認為是光線所成的集合，可假想是由很多條光線匯集而成的光線束。須注意的觀念是，雖然日常生活中也常會用到光線這個名詞，但現實上並不存在這裡所定義的光線，光線只是在幾何光學分析光的傳播現象時的一個假想。

在均勻(homogeneous)的介質(medium)中，光的前進方式(即光線或光束的前進方式)是以直線而行。對於這種前進方式，日常生活中有許多的例子可供驗證，譬如烈日下的陰影或燈光下的影子，都讓我們看見太陽光或燈光的光線是因為受遮擋物的阻斷，使光線無法通過，未被遮擋的光線則仍循原方向直線前進，因此在屏幕上形成了與遮擋物的形狀成相似且一定比例的陰影產生，就是光線或光束直線前進的最佳証明。

另一個常被用來證明光線是直線前進的例證就是針孔(pinhole)成像。在 1485 年義大利藝術及發明家達文西 (Leonardo da Vinci)為針孔攝影機作出了仔細的描述。早期的針孔照相機就是利用針孔成像的原理製成，它可說是現代照相機的先驅。針孔照相機的基本結構是利用一個大小類似縫衣針截刺出的小孔洞(針孔)，將針孔放置在發光物或被照物體前，使光線經由針孔射在孔洞後的成像面(底片或螢幕)上，經過相當時間的能

量累積後，即可得到與實物大小成正比但方位相反的成像結果。它的基本系統如圖 2-1
所示。

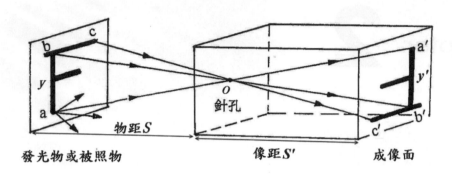

圖 2-1　針孔成像系統

　　因為光線在均勻介質中直線前進的特性，因此發光物或被照物體所發出的光線僅
有少部份能經由針孔，到達像面上的底片或螢幕(參看圖 2-1 中 a 點所發出的光線和騎
乘像點 a')。由於能經過針孔的光強度微弱，故針孔成像必須在暗箱內進行以避免雜訊
光的干擾，而成像的亮度亦是有限，這也是為什麼針孔照相機需要較長曝光時間的原
因。此外我們觀察在像面上所成像的方位，與被照物相比較得到的是一個上下左右顛
倒的像，由此更可以確定光線直線前進的特性。至於成像的大小，可觀察圖 2-1 中各
物點與對應像點的關係，例如 $a{\rightarrow}a'$；$b{\rightarrow}b'$；$c{\rightarrow}c'$，依光線直線前進的特性可知三角形
$\triangle abo$ 與三角形 $\triangle a'b'o$ 是相似三角形，依邊長的比例關係可得知像高與針孔至像面距
離成正比。若物體到針孔的距離為物距(s)，針孔到成像面的距離為像距(s')，a 到 b 的
高度為物高(y)，a'到 b'的高度為像高(y')，它們將滿足

$$\frac{y}{s} = \frac{y'}{s'} \tag{2.1}$$

　　利用針孔所成的像有別於一般具有偏光能力(例如透鏡)成像系統所成的像，針孔成
像沒有惱人的像差(image aberration)問題，且有相當程度的景深效果。但這並非意味著
針孔所成的像都是清晰可見的，因為亮度是一大問題，而且孔洞的大小亦是不可忽略
的重要因素。

　　另外，光的還有獨立傳播的特性，例如從不同光源所發出的光束，以不同的方向
交會通過同一空間，彼此互不影響，光束各自獨立傳播。因此在幾何光學探討光束傳
播時，可以不考慮其他光束的影響，在交會處上只是光的強度疊加，離開交會處後，
光束將會按照原來的方向繼續直線傳播。

2-2　光速與折射率

　　早在十七世紀，伽利略便嘗試著測量光的速度，他們利用兩個相距很遠的山頂，在山頂上各放一盞燈，第一位觀測者將燈光打開，當成訊號發射出來，另一座山頂的觀測者在看到燈光的訊號後，馬上也將燈光打開給出一個訊號，由第一位觀察者計算當訊號發射出來到再看見訊號回來，光在兩山頂之間來回所需的時間，依據這個時間計算出光的速度。在不斷的將山頂間的距離拉長且重複此實驗後，他們最後得到一個結論：光速是無限的。當然，日後隨著科學儀器的精密及實驗方式的改進，我們知道光速無限的答案是錯誤的。

　　最早測量出光速的科學家，應該算是 1675 年的丹麥天文學家羅默(Ole Romer)，他是在量測木星(Jupiter)的衛星被木星二次遮蔽(即星蝕的現象) 所花時間發現與地球和木星的相對位置有關，推論光速是有限的，他當時測得的光速約為 $2.24×10^5$ km/s。這和目前的光速公認值相較，誤差頗大，但至少已可確定：光速不是無限大。而第一位在地球上利用儀器測量出光速的科學家是法國物理學家阿曼德·斐索(Armand Fizeau)，在 1850 年利用齒輪裝置和一些透鏡的組合，測量出光速為 31200 km/sec。此後陸續有許多科學家利用各種方式測量光速，目前光速測量以原子鐘振盪為基準，最後得到公認值 c 約為 299,792.5 km/s 或 $2.997925×10^8$ m/s。習慣上我們用符號 c 來代表光在真空中的速度。在愛因斯坦在狹義相對論中提到，光速是恆定的，也就是說光在真空中的傳播速度相對於該觀測者都是一個常數(c)，不隨光源和觀測者所在參考系的相對運動而改變。

　　這也意味著光在不同介質中傳播速度皆不相同，科學家早已認為光在水中傳播所需的時間較在空氣中傳播所需的時間要來的長。後來美國物理學家邁克森(Albert Abraham Michelson)測量出光在水中的速度是真空中光速 c 的四分之三，而在一般光學玻璃中光速更小，約為在真空中光速 c 的三分之二。至於在常溫常壓下，光在空氣中的速率只比 c 值小 87 km/sec(相差 0.029%)，所以對在空氣與真空兩種介質中的計算，除非是精確度要求極高，我們常把光在空氣中的速度以 c 值來代替。

　　對於光在不同介質中傳播速度的差異，衍生出一個非常重要的光學物理量-「折射率(refractive index)」，一般我們慣用符號 n 來表示。介質折射率的大小定義爲光在眞空中的速率(c)與光在介質中速率(v)的比值，即

$$n \equiv \frac{c}{v} \tag{2.2}$$

　　例如，前面提到光在水中的速率是光速 c 的四分之三，所以水的折射率 $n \approx 1.333$，而一般光學玻璃的折射率 $n \approx 1.5$，至於空氣的折射率則可視爲 $n \approx 1$。換言之，折射率的重要意涵是光在不同介質中傳播時的速度變化。

　　折射率還有一個特性，就是除了在眞空中之外(因 c 值恆定)，一般介質的折射率會隨著光的波長而改變，這種特性也是引起色散(dispersion)現象的原因。通常光在空氣中傳播時，隨著光波波長而導致折射率改變的量非常小，所以除非是很長的距離，否則不易看到色散的現象。然而對一般的光學材料，折射率隨波長的改變就很顯著了，大致上折射率與光的波長成反比的關係($\lambda' = \lambda/n$，n 爲介質折射率)。圖 2-2 是德國 Schott 玻璃廠幾種光學材料折射率與光波長的函數圖。

　　對於任何介質來說，折射率可說是其光學密度(optical density)，因此對於較大的折射率介質，我們說其具有較高的光學密度，一般稱之爲光密介質(optical dense medium)。反之，稱之爲光疏介質(less dense medium)，但須注意的是，光密介質與光疏介質是一個相對而非是絕對的量，而且和物質的密度並無絕對的關係。

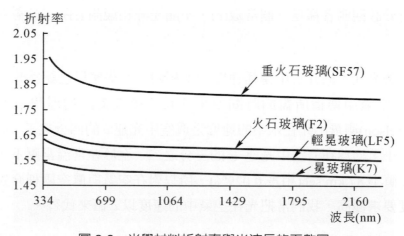

圖 2-2　光學材料折射率與光波長的函數圖

2-3　Fermat 定理

　　在介紹 Fermat 定理前，首先認識光程(optical path)，這也是光學中一個非常重要的物理量，我們可簡寫爲 OP 或以符號Δ表示。對一個均勻介質而言，它的定義是折射率 n 與光線實際所行走的路徑 s(亦稱作幾何路徑長)的乘積，即

$$\text{OP} = \Delta \equiv ns \tag{2.3}$$

　　若光經過由 m 種均勻但不同折射率所構成的介質層(stratified medium)，如圖 2-3 所示，那麼光從 A 到 B 的光程就應該是各層介質的折射率與實際路徑乘積的總合，即

$$\text{OP} = \sum_{i=1}^{m} n_i s_i \tag{2.4}$$

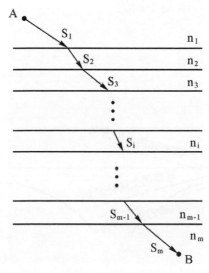

圖 2-3　光經過由 m 種均勻但不同折射率所構成的介質層

　　如果光是在一個非均勻性的介質中行走，換句話說就是介質的折射率是一個位置的函數，$n = n(s)$，那麼光程的計算相當於由 A 點到 B 點經過了無數多個不同折射率的介質層，因此修正(2.4)式中的相加符號爲積分符號，即

$$\text{OP} = \int_A^B n(s)ds \tag{2.5}$$

由光程的基本定義(2.3)式我們可對光程的物理意義可有更進一步的瞭解。

$$\text{OP} = ns = \frac{c}{v}s = ct \tag{2.6}$$

(2.6)式中 t 為光在介質中行走了 s 的路徑所需要的時間,因此(2.6)式說明了光程的物理意義相當於:光在眞空中行走 ct 的距離與光在介質中行走 s 路徑所花的時間相同。

前面我們談到光在均勻的介質中,會以直線的方式前進,這個性質已有很多事實可以證明。至於在非均勻性的介質中,光的行進方式又是如何呢?圖 2-4(a)所示為太陽光經光學密度分佈不均的大氣層射入地球表面的情形,太陽光因為大氣層的折射率疏密的連續性變化而導致光線行進路線的軌跡彎曲,這個實際路徑和太陽到觀測者的直線路線有所差異,也因為這個現象,使我們有機會看到已經落入地平線下的落日,但卻誤以為太陽還未落下。在星象的觀測上,也有相似的情形發生,如圖 2-4(b)所示,觀測到的星星方向和實際星星方向是不同的。

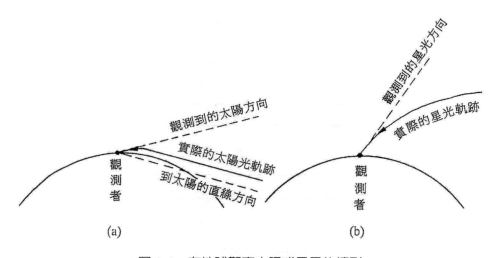

圖 2-4　在地球觀察太陽或星星的情形

此外,在沙漠地帶也常可看到如圖 2-5 所示的現象,這是因地面上的暖空氣與高空中冷空氣之間的密度不同,光行經熱空氣層(密度小)的速率較冷空氣層(密度大)快,因此從遠處物體發出的光線,經過空氣層間的折射和底層的反射後,不是沿直線進入我們的眼睛,而是如圖中所示的曲線,使我們以為是從路面下的鏡像(mirror image)所發出的海市蜃樓現象。

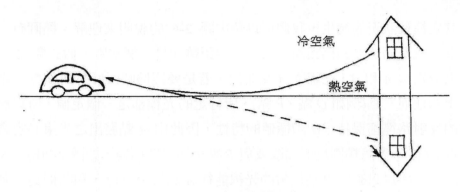

圖 2-5　海市蜃樓現象

　　從上面的這些事實可知，無論光是直線前進或光線軌跡的彎曲都一定和折射率的分佈有關，二者之間有什麼關連呢？法國科學家皮埃爾·德·費馬(Pierre de Fermat)於1660 年首先提出了光行進路徑所應遵循的原則，這就是著名的費馬定理(Fermat's principle)，又名「最短光時」原理。當時費馬認為光線傳遞過程必須遵守時間為最少的原則，然而以現今的觀點來看，應該加以修正為：光沿著所需時間為極值(extrema)的路徑傳播。由(2.6)式可知，光行進所需之時間與光程成正比關係，即

$$t = \frac{1}{c}(\text{OP}) \tag{2.7}$$

所以我們可將費馬定理寫為：

"光從某個 A 點傳至 B 點，總是沿著光程為極值的路徑傳播"

　　所謂極值是指函數曲線的極大值(例如⌒)、極小值(例如‿)，或為常數函數的穩定狀況。上述三種情形都滿足函數的一階導數為零時之解。譬如有一函數 $f(x)$，則極值發生處為該函數的微分 $f'(x)=0$ 時 x 的解，也就是光線在介質中行進的軌跡必滿足光程一次微分為零的結果，亦即不是選取最大光程路徑或最小光程路徑，就是因每一路徑的光程皆相同而每一路徑皆可被選擇。

　　由費馬定理可知，光線直線行進在均勻介質中是一個必然的結果，因為均勻介質的折射率是一個常數，所以光程與路徑的變化率相同，當選取最小光程時亦即為選取最短路徑，而兩點之間最短的路徑為直線，因此我們在均勻介質中看到的光線一定是以直線方式行進。圖 2-4、圖 2-5 的光線所走的路線都是以滿足光程為極小值而選取的結果，也就是光在所選取的路徑行進時，所需要花費的時間最少。日常生活中較常看到光線選取最小光程的路徑。

　　至於其它極值狀況的發生，我們可以藉由圖 2-6 的說明來理解。橢圓有一個眾所周知的特性，就是兩焦點到橢圓面上任一點的距離和是一個常數。假設圖 2-6 中橢圓的二個焦點分別為 A 和 B，光線從 A 點發出，若是要經橢圓面反射到 B 點，則無論是經橢圓面上的任何一點(例如 Q 點、P 點)，所行走的光程都是一個定值，所以橢圓面上任何一點的反射路徑都保持了所謂極值的特性，因此由 A 點發出之光束必定會會聚於 B 點，如圖 2-6(a)。若將橢圓反射面改成與 P 點相切的凹面鏡，如圖 2-9(b)，因 P 點是橢圓面上的點，所以只有經 P 點反射的光線能從 A 點傳至 B 點，和凹面鏡上其它位置的反射點相比較，經 P 點反射之路徑的光程是所有可能路徑中最長的一條，因此圖 2-6(b) 提供了光所採取的路徑是滿足光程為極大值的說明。若將橢圓反射面改成與 P 點相切的凸面鏡，如圖 2-6(c)，因 P 點是橢圓面上的點，所以只有經 P 點反射的光線能從 A 點傳至 B 點，和凸球面鏡上其它位置的反射點相比較，經 P 點反射之路徑的光程是所有可能路徑中最短的一條，因此圖 2-9(c)提供了光所採取的路徑是滿足光程為極小值的說明。

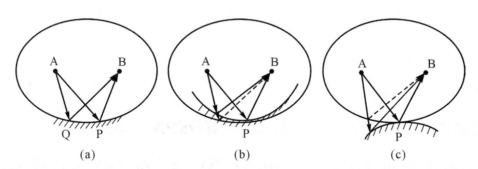

(a)　　　　　　　　(b)　　　　　　　　(c)

圖 2-6　以橢圓來說明費馬定理：光從 A 點傳至 B 點，總是沿著光程為極值的路徑傳播

2-4　反射定律

　　在幾何光學中，討論光入射在"平面"界面上的行為是十分重要的，因為任何曲面實際上都可以看成是由無限多個極小的不同方位的平面所組合而成。由費馬定理我們可以推導出光線入射在不同介質構成的界面時，所產生的反射(reflection)與折射(refraction)行為。

第 2 章　光的傳播　2-9

以圖 2-7 為例，一觀測者在 P 的位置上觀測由光源 S 經反射面反射而來的光線。當然，我們知道由 S 所發出的無限條光線中，只有一條會滿足費馬定理而被觀測到。為找出這一條光線的軌跡，我們可假想所有的光線都是由 S 的鏡像 S' 所發出，因為 S 及 S' 對稱於反射面，所以 S-A-P 的距離等於 S'-A-P 的距離，S-B-P 的距離等於 S'-B-P 的距離。由費馬定理可判定，其中 S'-B-P 的直線距離所需的光程是極小值，故觀測者看到的光線是由 S 經 B 點再反射至 P 點，由幾何關係可得知角度 θ_i 等於角度 θ_r。因此可歸納出光線在遵守費馬原理下反射所應遵守的原則，稱之為反射定律(Law of reflection)。

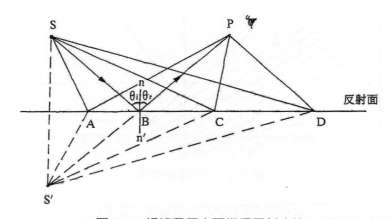

圖 2-7　根據費馬定理推得反射定律

我們利用圖 2-8 來說明反射定律。當光線由 n 介質入射至 n' 介質時，在界面 $\overline{MM'}$ 處會有部分光線返回 n 介質，這種現象稱之為反射。S、B、P 所構成的面稱之為入射面(incident plane)，$\overrightarrow{SB}$ 光線稱為入射光，過入射光線與界面 $\overline{MM'}$ 交點且垂直界面的線稱為法線($\overline{NN'}$)，入射光線與法線所夾的角為入射角，以 θ_i 表示。$\overrightarrow{BP}$ 光線稱為反射光，反射光線與法線所夾的角為反射角，以 θ_r 表示。

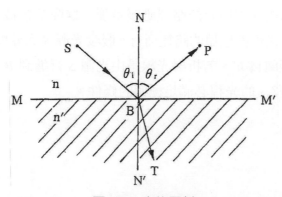

圖 2-8　光的反射

反射定律可歸納成下面三點：

(1) 入射光、反射光和法線都在入射面上。

(2) 入射光、反射光在法線的兩側。

(3) 入射角等於反射角，$\theta_i = \theta_r$。

此外，另一個常見的現象「漫射(scattering)」也是和反射有關。當光束投射到不平坦的表面時，此表面可視為許多小的平面所組成，因此雖然對於這些小平面來說，光線仍遵守反射定律，但整體來看，因為每個平面的角度不同，所以光在反射後便循著許多角度而形成漫射線現象，如圖 2-9 所示。

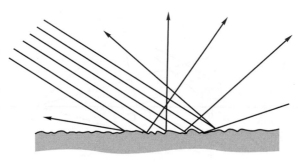

圖 2-9　光的漫射現象

2-5　折射定律

如同前面所述，光線在不同介質傳播，即當光線由 n 介質入射至 n' 介質時，於界面 $\overline{MM'}$ 處會有部分光線發生反射現象，然而也有一部分的光線會經由界面穿透到 n' 介質中，這種現象稱為折射，這是由於光在不同介質傳播時產生速度數度所造成的，那麼光線是怎麼偏折的呢？圖 2-10 中若一觀測者在 n' 介質 P 點上觀測由光源 S 所發出的折射光線，那麼觀測到的光線所走的路徑應該是那一條呢？根據費馬定理可知，所觀測到的光線一定是選擇光程為極值的路徑而行。假設光源 S 到界面的垂直距離為 h，觀測點 P 到界面的垂直距離為 h'。若折射光線是由光源 S 行進到 B 點，再折射至觀測點 P，令 B 在 S 的橫向位移 x 的光程必滿足極值的條件。

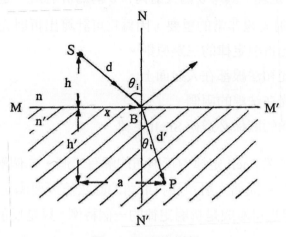

圖 2-10　光的折射

S-B-P 的光程爲

$$OP = n(\overline{SB}) + n'(\overline{BP}) = nd + n'd'$$

而

$$d^2 = h^2 + x^2$$
$$d'^2 = (h')^2 + (a - x)^2$$

故

$$OP = n[h^2 + x^2]^{\frac{1}{2}} + n'[(h')^2 + (a - x)^2]^{\frac{1}{2}}$$

因爲

$$\delta(OP) = 0$$

所以

$$\begin{aligned}
\frac{d(OP)}{dx} &= n\left(\frac{1}{2}\right)\frac{2x}{[h^2 + x^2]^{\frac{1}{2}}} + n'\left(\frac{1}{2}\right)\frac{2(a - x)(-1)}{[(h')^2 + (a - x)^2]^{\frac{1}{2}}} \\
&= \frac{nx}{d} - \frac{n'(a - x)}{d'} \\
&= n\sin\theta_i - n'\sin\theta_t \\
&= 0
\end{aligned}$$

可得

$$n\sin\theta_i = n'\sin\theta_t \tag{2.8}$$

(2.8)式稱為 Snell 定理，其中 θ_i 為入射角，θ_t 稱為折射角，是折射光線與法線的夾角。Snell 定理對於折射光線非常的重要，因為它可計算出折射光行進的方向。從上面的討論我們也可歸納出折射定律的三點原則。

(1) 入射光、折射光和法線都在入射面上。

(2) 入射光、折射光在法線的兩側。

(3) 入射角與折射角的關係必遵循 Snell 定律。

需要注意的是，雖然 Snell 定律中折射角的解有二個，二個解之和為 π，然而只有一個是具有物理意義的，因為入射角和折射角的餘弦值還要滿足同時為正或同時為負的條件。此外反射定律也可看成是折射定律的一個特例，只是反射回同一介質中而已。

例題 1

如圖 2-11 所示，一光線以 5° 的入射角由空氣入射至一光滑玻璃平面，若玻璃折射率為 1.52，(1)求折射角的大小，(2)使用 Snell 定律計算時，若將正弦函數值用弧度值(radian)取代，試比較折射角的差異。

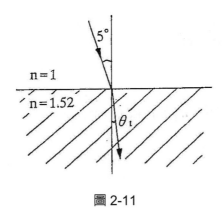

圖 2-11

解 (1) 由 Snell 定律知

$$n\sin\theta_i = n'\sin\theta_t$$

$$1\times\sin 5° = 1.52\sin\theta_t$$

$$\theta_t = 3.287°$$

折射光在入射面上，且在法線另一側 3.287° 的方向上，如圖 2-11 所示。

(2) 因為 5° = 0.08727 rad

故若以弧度值取代正弦函數值，則可將 Snell 定律修正為

$$n\theta_i = n'\theta_t$$

$$1 \times 0.08727 \text{ rad} = 1.52\,\theta_t$$

$$\theta_t = 0.05741 \text{ rad} = 3.289°$$

比較(1)(2)計算 θ_t 的答案，兩者只相差了 $0.002°(0.06\%)$，可知在小角度時，可將 Snell 定律加以修正，即當小角度時($\theta < 10°$)

$$\text{Snell 定律：} \quad n\theta_i = n'\theta_t \tag{2.9}$$

利用折射定律，我們可以計算出光線折射後的方向，除此之外，也可以利用繪圖的方法來決定折射方向，我們利用圖 2-12 來說明繪圖法。

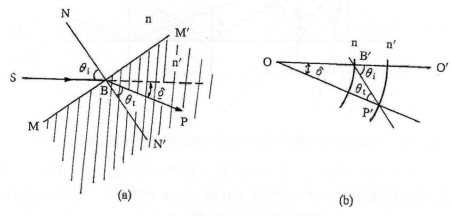

圖 2-12　以繪圖法求光的折射線

圖 2-12(a)中，入射光線為 $\overrightarrow{SB}$，由 n 介質入射至 n' 介質，入射角為 θ_i。作輔助圖如圖 2-12(b)，先畫 $\overrightarrow{OO'}$ 平行 $\overrightarrow{SB}$，再以 O 點為圓心，界面兩邊之折射率 n、n'(或兩折射率的比值)為半徑作兩圓弧。通過入射介質折射率 n 所作圓弧和 $\overrightarrow{OO'}$ 的交點 B'，畫出與法線 $\overrightarrow{NN'}$ 的平行線 $\overrightarrow{B'P'}$，$\overrightarrow{B'P'}$ 與介質折射率 n' 所作圓弧交於 P' 點，連接 $\overrightarrow{OP'}$，此即為折射光線的方向。再回到圖 2-11(a)中，平行 $\overrightarrow{OP'}$ 繪出 $\overrightarrow{BP}$，如此即完成入射光 $\overrightarrow{SB}$ 經折射後的折射光線 $\overrightarrow{BP}$。其中，δ 為偏向角(deviation angle)，定義為折射光線與入射光線的夾角。入射角 θ_i、折射角 θ_t 和偏向角三者間的關係滿足

$$\delta = \theta_i - \theta_t \tag{2.10}$$

2-6 全反射與其應用

前一節提到光傳播通過不同介質的界面時,將依折射定律產生折射,當入射角越大射,相對的折射角也越大。如果光是從密介質傳播到疏介質的情況,隨著入射角越來越大而達到一個臨界值時,光將不再穿透界面而完全只有反射,此一現象稱爲「全反射(Total reflection)」。

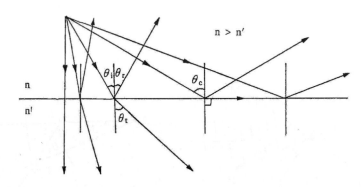

圖 2-13 光傳播通過平面界面的反射與折射(光從密介質到疏介質的情形)

在圖 2-13 中,每一光線之折射角均大於入射角,當入射角 $\theta_i = \theta_c$ 時,折射光已沿著界面行進,亦即折射角爲 90°。而當 $\theta_i \geqq \theta_c$ 時,折射光不見了,此時全部的光線都被反射回原來的介質中,產生全反射現象。θ_c 稱爲臨界角(critical angle)。在任何內反射系統中,臨界角的大小,取決於界面兩邊介質的折射率,其值可由臨界角的定義計算而得:

$$n\sin\theta_c = n'\sin 90°$$

$$\theta_c = \sin^{-1}\left(\frac{n'}{n}\right) \tag{2.11}$$

例題 2 ....

若光線由玻璃入射至空氣,其臨界角爲何?(設玻璃的折射率是 1.5,空氣的折射率是 1)

$$\theta_c = \sin^{-1}\frac{1}{1.5} = 41.8°$$

當入射角 ≧ 41.8°時,就會產生全反射現象。

　　全反射的現象對於光學系統的影響往往是不能忽略的,譬如兩光學面的貼合,常會因光學面間極薄的空氣層,而使光線發生全反射現象,造成能量無法傳播,所以我們必須用和光學元件相同折射率的光學油(Canadian Balsam)來代替空氣層,以避免全反射現象的發生。然而,全反射現象對於光學系統也有很多正面的應用,以下我們用一些例子來加以說明。

1.　折光器(refractometer)

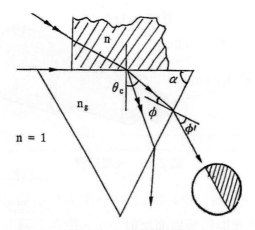

圖 2-14　折光器原理

　　折光器是用來測量介質折射率的儀器,它的測量原理就是利用全反射達成的,見圖 2-14。基本上由一個折射率為 n_g 稜鏡角為 α 的稜鏡所構成。將待測物置於稜鏡上,將光束射入系統,接著調整入射光角度直到讓入射光恰好由稜鏡與待測物的界面射入,假設稜鏡的折射率 n_g 大於待測物的折射率 n,那麼依據光的可逆原理,這條光線的折射角必然為臨界角 θ_c。當光束由稜鏡折出後,在空氣($n = 1$)中 ϕ' 角的方位上,可以很明顯的觀測到光的亮暗分界,因此在量得 ϕ' 後利用折射定律和相關幾何角度的計算,即可算出待測物折射率 n。

　　需注意的是折光器只能用來測量折射率較稜鏡折射率小的材料。一般 $\alpha = 45°$ 的折光器,稱之為 Abbe 折光器,$\alpha = 90°$ 的折光器稱為 Pulfrich 折光器。

2. 光纖(fiber)

光纖光學(fiber optics)已經發展成現代一個很重要的研究領域，在通訊、資料傳輸，甚至檢測上都佔有十分重要的地位。然而光之所以能在光纖內傳導，將光資訊帶到極遠的距離卻有最小的衰減，全反射現象是功不可沒的。光纖的結構是由光密介質(折射率爲 n_f)組成核心(core)部份，光疏介質(折射率爲 n_c)圍繞在外層爲披覆(cladding)，見圖 2-15。

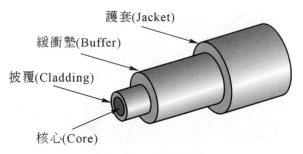

圖 2-15 光纖結構

當光線在光纖核心內行進時(圖 2-16)，若在核心與披覆的界面上，入射角小於臨界角，那麼這些光線每經界面反射一次，能量必隨著折射的光線傳導到披覆部份，故留在核心內傳導的能量會越來越少，最後沒有使用的價值，所以要能夠在核心內維持住相當能量的光線，必須是在核心與披覆的界面上發生全反射現象的光線。有一點需要特別注意的是，當光線由外界導入光纖核心部份時，有一個最大的入射角 θ_{max}，能使光線在光纖內部做反射時剛好滿足臨界角的條件。因此凡是入射角 $\theta_i < \theta_{max}$ 的光線，都能在核心與披覆的界面上發生全反射現象，所以 $2\theta_{max}$ 就是光纖可接受光在其內傳播的光錐角度。這個角度也定義出了光纖的一個物理量，即數值孔徑(numerical aperture)，簡稱 NA 值，NA 值的平方代表了光學系統的聚光能力。一般可接受的光纖 NA 值約在 0.2～1 之間。

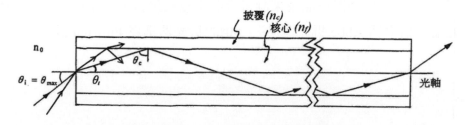

圖 2-16 光在光纖內部行進的情形

NA 值的定義為

$$NA \equiv n_o \sin\theta_{\max} = (n_f^2 - n_c^2)^{1/2} \tag{2.12}$$

例題 3

將一光纖置於空氣中，若光纖核心折射率為 1.62，披覆部份折射率為 1.52，求此光纖的 NA 值。

解　由(2.5)式可知

$$\sin\theta_{\max} = \frac{1}{n_0}(n_f^2 - n_c^2)^{1/2} = [(1.62)^2 - (1.52)^2]^{1/2} = 0.56$$

$$\theta_{\max} = 34°$$

此光纖可接受光的光錐角度為 68°，光纖的 NA 值為 0.56。

2-7　色散與色散能力

所謂單色光(monochrome)是指波長為單一值的光波，若一光束是由很多單色光組成，稱其為複色光(compound light)。前面我們提到，由於折射率是波長的函數 $n(\lambda)$，所以當一束複色光經過折射後，因各單色光的折射率各不相同，所以造成折射方向有所差異，這種現象我們稱為色散(dispersion) 。三稜鏡將太陽光折射成七彩的顏色就是色散的現象，如圖 2-17 所示。

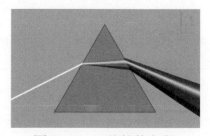

圖 2-17　三稜鏡的色散
(圖片來源：http://wikipedia.tw/)

　　可以簡單的這樣說，色散是光的折射所造成。進一步來說，就是不同顏色的單色光因為折射率不同，造成折射後的角度偏差而形成的顏色分散現象。而相反的，如果我們要求玻璃折射率時，可將待測玻璃製成分光稜鏡，以單色光入射，放在測角儀上測量即可。當然欲求精密的折射率，所使用光源波長的頻寬(frequency bandwidth)必須非常窄才行，從前只有鈉(sodium)燈的雙線黃光($\overline{\lambda}$= 589.3 nm)可以使用(黃光因此而成為測量的標準線之一)，因為此黃色光是以符號 D 來表示，所以所測出玻璃的折射率都以 n_D 表示之。近年來，各種光波的光源製作技術提昇了，因此折射率的測定線有了更多的選擇，見表 2-1。

表 2-1

波長(nm)	符號	化學元素	顏色
365.01	i	Hg	紫外線
404.66	h	Hg	紫色
435.83	g	Hg	藍
479.99	F'	Cd	藍
486.13	F	H	藍
546.07	e	Hg	綠
587.56	d	He	黃
589.29	D	Na	黃
643.85	C'	Cd	紅
656.27	C	H	紅
706.52	r	He	紅
852.11	s	Cs	紅外線
1013.98	t	Hg	紅外線

其中，F(藍光，λ = 486.13 nm)，d(黃光，λ = 587.56 nm)，C(紅光，λ = 656.27 nm)三種顏色的單色光，習慣上被用來表示有關玻璃色散和偏向的特性。

圖 2-18 中，白光由空氣入射至 n' 介質，定義色散角為 $\theta'_C - \theta'_F$，若在小角度的條件下，則 F、d、C 三線的角度關係經 Snell 定律計算後，可得色散角正比於(n_F-n_C)，因此我們可以定義玻璃的色散能力(dispersion power)V：

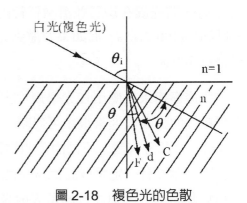

圖 2-18　複色光的色散

$$V \equiv \frac{n_F - n_C}{n_d - 1} \tag{2.13}$$

這是玻璃的一個重要物理量，對一般玻璃而言，V 值約在 0.012～0.05 之間，由於數值普通偏小，使用上較不方便，因此常用其倒數來作為衡量玻璃的色散大小。一般我們稱 V 值倒數為阿貝數(Abbe number)，或色散係數(dispersion index)，用符號 v_d 表示之，其中註腳 d 指的是色散係數使用的是 d 線的偏向角：

$$v_d \equiv \frac{1}{V} = \frac{n_d - 1}{n_F - n_C} \tag{2.14}$$

一般光學玻璃的 v_d 值約介於 20～80 之間，數值越小表示色散現象越明顯。

2-8　反射率、穿透率與透明度

在第一章提到光在行經不同介質時可簡單地歸納出幾個基本現象：反射(reflection)、折射(refraction)和吸收(absorption)，對不同的介質將有不同的比例。光線遇到折射率不同的介質在界面反射的比例，是由兩介質的折射率決定，此即為菲涅耳(Fresnel's)公式，即反射比例(ρ)為

$$\rho = (\frac{n_2 - n_1}{n_2 + n_1})^2 \tag{2.15}$$

　　由於光線入射透鏡時會經過兩個表面，因此兩個界面產生的反射比例總合可近似為 $2 \times \rho$，若光線在均質並清澈透鏡內部沒有被散射或吸收，則通過此鏡片光束的穿透率則約為$(100-2\rho)$%。而如果考慮到光被吸收的情況，則反射率、穿透率和吸收率之總和應為 100%。

　　穿透率如果是應用在光學鏡片，一般常使用透明度(transparency, T)來表示，由於光學鏡片的光吸收通常很小可忽略，因此透明度和反射率(Reflectivity, R)相加為 1，即 T+R=1。這部分來說，不同的透明物質(例如樹脂)，各有不同的透明率，其透明率與波長有關，但沒有一定是成正比或反比。圖 2-19 是光線進入透明材質玻璃後的反射、穿透和吸收的例子，須注意的是入射光在穿透玻璃時，會有兩次介質的改變而產生兩次反射。

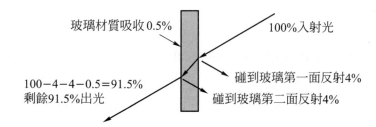

圖 2-19　光線進入透明材質玻璃後的反射、穿透和吸收的情形

Chapter 3

光學透鏡

3-1　光學玻璃

　　光的傳播介質中最普遍常見的是玻璃，玻璃製成的鏡片也是各種光學儀器最重要元件。玻璃是將矽砂、鹼金屬和一些氧化物混合，加熱至 1400°C 後凝結而成的混合性物質。其中用於製造成光學鏡頭、稜鏡和光學儀器主要材料等的玻璃，因為要特別講究其高度精確的折射率、色散係數和高透明度、高均勻度等性質，所以我們稱其為光學玻璃。

　　在選擇光學玻璃時，下面幾點特性需特別注重：

1.　氣泡：玻璃生產過程中，氣體的逸出是必然現象，因此會形成氣泡，光學玻璃對氣泡的直徑和個數會根據玻璃的種類和熔解條件不同而有嚴格的規格訂定。
2.　輝紋：此為與玻璃折射率不同而呈現出不均勻的線狀或者層狀的現象。
3.　顏色：因玻璃對特殊光譜的吸收現象，造成了玻璃本身帶有顏色，所以在特定的使用環境時需加以考慮。
4.　擦亮表面：例如表面的指紋將會減低透光度，手指上的油脂會造成鍍膜材料的破壞和腐蝕，所以應常常擦拭表面，以增加對潮濕空氣和一些化學品的抵抗性。
5.　應變：玻璃如果退火不足，則會因內力的作用，造成分子間的結構改變，也會改變其對偏極化的性質。
6.　失透：失透是指玻璃的透明度，若玻璃在高溫的時間太長，則會有部份的成分結晶，因而造成淡乳白色的不透明現象。
7.　著色：指玻璃中的夾雜物。

8.　裂紋：指退火等熱處理不良或處置不當時所造成的裂紋。

9.　價格：一般玻璃的密度在 2.28 g/cm^3～6.18 g/cm^3 之間，而光學玻璃每公斤的價格最大的差距有可能達 100 倍。

描述光學玻璃的兩個重要的參數爲折射率與阿貝數，這兩個參數的定義都已於前面章節中介紹過了。至於折射率與入射光波長之間的關係，科學家們曾建立了若干個公式來描述它，例如 Cauchy 公式

$$n = n_o + \frac{B}{\lambda^2} + \frac{C}{\lambda^4} + \dots \tag{3.1}$$

式中 n_o、B、C……都是常數，只與玻璃的性質有關。以上公式也可看出光波長越大，折射率越小的趨勢。

光學玻璃大致可分爲二類，在 $n_d > 1.6$，$v_d > 50$ 和 $n_d < 1.6$，$v_d > 55$ 範圍的玻璃稱爲冕玻璃(crown glass)，又可稱爲 K 玻璃；其它範圍的玻璃稱爲火石玻璃(flint glass)，又稱爲 F 玻璃。表 3-1 爲幾種不同類型的無色光學玻璃。每種玻璃通常都可以用 9 位數字表示，前三位表示(n_d -1)之值；後三位表示 $v_d \times 10$ 之值；小數點後三位爲玻璃密度 D(g/cm^3)。以重火石玻璃 SF2 爲例，$n_d = 1.64769$、$v_d = 33.85$、$D = 3.86$，記爲 648339.386；有如以重火石玻璃 SF6 爲例，$n_d = 1.80518$、$v_d = 25.43$、$D = 5.18$，記爲 805254.518。

表 3-1　玻璃類型

代號	名　稱	代號	名　稱
FK	氟冕玻璃	LF	輕火石玻璃
LK	輕冕玻璃	F	火石玻璃
K	冕玻璃	BaF	鋇火石玻璃
PK	磷冕玻璃	ZBaF	重鋇火石玻璃
BK	硼冕玻璃	SF	重火石玻璃
SK	重冕玻璃	LaF	鑭火石玻璃
LaK	鑭冕玻璃	ZLaF	重鑭火石玻璃
TK	特冕玻璃	TiF	鈦火石玻璃
KF	冕火石玻璃	TF	特種火石玻璃

3-2　稜鏡

　　稜鏡(prism)在光學的應用上佔重要的地位，不論是研究用的光路設計或是一些光學儀器都可以看到稜鏡的應用實例。反射稜鏡則是利用全反射來產生偏向，種類因其應用有許多種形式，以下介紹幾種較常見的稜鏡來了解光透過稜鏡行進的基本原理。

1.　直角稜鏡(right-angle prism)

　　　如圖 3-1 所示，直角稜鏡可讓光線產生 90°的偏向，而且可利用光線在斜面上發生全反射現象，使得光線能量的損失最少。若以影像的單箭頭方向與雙箭頭方向作向量乘積(cross product)，則此乘積的方向和光線行進方向會因直角稜鏡而由右手定則關係(*r-h*)轉變爲左手定則關係(*l-h*)，這表示影像在行進過程中，方位有一次的顛倒(reverse)變化。

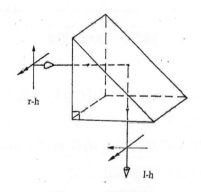

圖 3-1　直角稜鏡

2.　Porro 稜鏡(Porro prism)

　　　Porro 稜鏡實際上也是一個直角稜鏡，然而入射光線由直角稜鏡斜面垂直射入，經過二次的全反射，最後造成 180°的偏向。至於影像經過 Porro 稜鏡的方位影響，因爲入射影像與出射影像都滿足右手定則，即成像經過二次的顛倒，最後維持了原來的方位，如圖 3-2 所示。

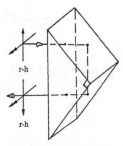

圖 3-2　Porro 稜鏡

3. **Dove 稜鏡(Dove prism)**

　　Dove 稜鏡基本上仍是一個直角稜鏡，只是爲了減輕重量和節省材料而截去直角的部份，如圖 3-3。光線經過一次的全反射作用後，仍維持原方向進行，但會因入射點的高低位置不同，而造成光線垂直方向的位移，至於影像的方位有一次的顛倒(reverse)變化。

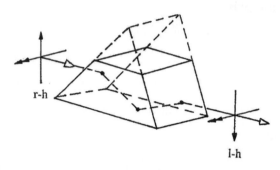

圖 3-3　Dove 稜鏡

4. **Roof 稜鏡(Roof prism)**

　　Roof 稜鏡又稱爲 Amici 稜鏡，其形狀也是一個去了直角部份的直角稜鏡，但在斜面上多加了一個 90°的屋頂(roof)，如圖 3-4。90°的屋頂造成了光線較直角斜面多了一次的全反射作用，雖然入射光仍有 90°的偏向產生，但因屋頂的關係，成像經過二次的顛倒，最後維持了原來的方位。

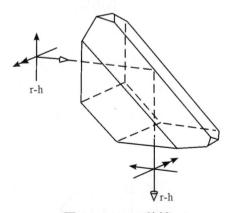

圖 3-4　Roof 稜鏡

例題 1

折射率爲 1.64 的直角稜鏡放置在水中($n_{水}$ = 1.33)，若光線由 $\overline{AB}$ 面垂直入射，試求 α 的角度應爲多少才可以使光線在 $\overline{AC}$ 面發生全反射現象？

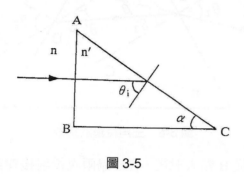

圖 3-5

解 依題意 n 爲水的折射率 $n = 1.33$

n'爲稜鏡折射率 $n' = 1.64$

而全反射的臨界角滿足

$$\theta_c = \sin^{-1}\frac{1.33}{1.64} \approx 54.19°$$

若發生全反射，則入射角 θ_i 應滿足

$$\theta_i \geq \theta_c$$

由圖知

$$\alpha = 90° - \theta_i$$

故 $\alpha \leq 90° - \theta_c = 35.81°$

即 α 的角度最大值爲 35.81°

3-3 稜鏡的偏向與色散

稜鏡是由兩個或兩個以上的折射平面所構成的透明光學元件，它的基本特性，一是使光發生偏向，另一則爲產生色散的效果。在前一節中我們已經概略的介紹了一些利用全反射而產生偏向的反射稜鏡，這一節中，我們將更進一步的介紹和計算光線經稜鏡後的反射、折射和色散現象。

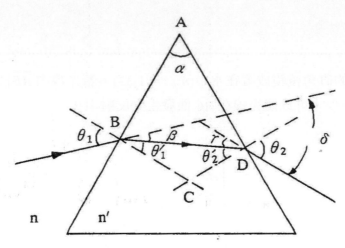

圖 3-6 三角稜鏡的折射

參看圖 3-6，當光線從 B 點入射後，會經過兩次折射後穿透稜鏡，穿透後的射線與原入射光線的夾角即為偏向角(deviation angle)δ。圖 3-6 中各角度間的關係可由的幾何關係求得，最後可以得到偏向角為

$$\delta = \theta_1 + \theta_2 - \alpha \tag{3.2}$$

其中，θ_2 是一個入射角 θ_1 的函數。在(3.2)式中，我們得到偏向角(δ)、入射角(θ_1)、折射角(θ_2)以及稜鏡角(α)間的關係，利用 Snell 定律，我們可將其中的折射角 θ_2 以入射角 θ_1 表示出來

$$n\sin\theta_2 = n'\sin\theta'_2$$

$$\theta_2 = \sin^{-1}\left(\frac{n'}{n}\sin\theta'_2\right) = \sin^{-1}\left[\frac{n'}{n}\sin(\alpha - \theta'_1)\right] \tag{3.3}$$

其中，θ_1 為已知，而 θ_1' 可簡單的利用 Snell 定律求的。再將(3.3)式代入(3.2)即可得到偏向角為

$$\delta = \theta_1 + \sin^{-1}\left[\sin\alpha\left(\frac{n'^2}{n^2} - \sin^2\theta_1\right)^{1/2} - \cos\alpha\sin\theta_1\right] - \alpha \tag{3.4}$$

　　(3.4)式除了表示出偏向角是入射角 θ_1 和稜鏡角 α 的函數外，還顯出它也是折射率的函數。因為折射率是光波波長的函數 $n(\lambda)$，所以稜鏡也會因入射光波不同而有不同的偏向產生，亦即 $\delta=\delta(\lambda)$，這種現象就叫做稜鏡的色散(dispersion)。若用 D 表示稜鏡的角色散(angular dispersion)，則 D 的定義為偏向角隨波長的變化率，即

$$D = \frac{d\delta}{d\lambda} \tag{3.5}$$

利用我們前面提及的 Couchy 所建立折射率 n 與入射光波長 λ 的關係

$$n = n_0 + \frac{B}{\lambda^2} + \frac{C}{\lambda^4} \cdots\cdots$$

最後可得

$$D = -\frac{2B}{\lambda^3} \frac{\sin\alpha}{n\cos\theta_2 \cos\theta'_1} \tag{3.6}$$

　　由此可知，稜鏡的角色散 D 取決於四個因素：製成稜鏡的物質、稜鏡角、入射光的波長和入射光線的方向。這也更清楚解釋了前面提到的光利用稜鏡產生色散的原理，並可藉此計算出多色光經過稜鏡後，各單色光分散的角度。

3-4　楔形鏡片

　　當稜鏡角 α 非常的小，即當 $\sin\alpha \approx \tan\alpha \approx \alpha$ 時，我們就可將此薄稜鏡(thin prism)看成是一個楔(wedge)。對一個楔來說，它的偏向角計算可以變得非常簡單。由於楔的應用大多在於使光線通過楔後的偏向角極小的狀態，所以我們可以簡化其偏向角的計算而得

$$\delta = \alpha\left(\frac{n'}{n} - 1\right) \tag{3.7}$$

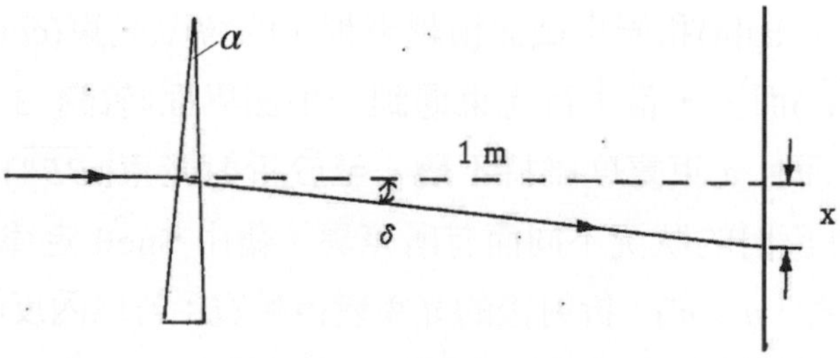

圖 3-7　楔(wedge)的偏向角

楔的偏向角 δ 通常也用來表示楔的折光能力(power)，折光能力的單位可採用 D(prism diopter)來表示。所謂 $1D$ 的折光能力，即是指楔能讓光線在 1 公尺遠的屏幕上發生 1 公分的光點位移量，這和後面章節所提到的聚散度和屈光度有關。如圖 3-7 所示的楔，它的折光能力相當於 $x\,D$，表示讓光線經過楔後在 1 公尺遠的屏幕上光點位移 x 公分。此外光點位移的方向表示出楔軸的方向，即由稜鏡角指向底邊的方向。

例題 2 ··

若楔的材料折射率為 $n = 1.6705$，如果要有 $1D$ 的折光能力，則楔稜鏡角 α 需做成幾度？假設此楔置於空氣中。

解 $1D$ 的折光能力相當於楔的偏向角為

$$\delta = \frac{1}{100} = 0.01 \text{ (rad)}$$

利用(3.38)式，可得

$$\alpha = \frac{\delta}{n-1}$$

$$\alpha = 0.0149 \text{ (rad)} = 0.8545°$$

··

3-5 平面透鏡

在第一章我們提到了，光束(light beam)可視為光線(ray)的集合，現在讓我們來看看光束遇到平面界面後的反射與折射行為。而平面透鏡則是再經過一次界面的穿透的結果，只是介質的變化與第一次通過界面時相反，藉由以下的分析即可推得結果。

光束一般分為光束截面積維持不變的平行光束(parallel light)、光束截面積越來越大的發散光束(divergent light)和光束截面積越來越小的會聚光束(convergent light)。首先針對一平行光束($\overline{AA'}$)而言，當平行光束遇到一平面界面時(圖 3-8)，它的反射光束($\overline{BB'}$)仍為平行光束，而且光束寬度維持不變。至於折射光束($\overline{BB''}$)，也仍會是平行光束，但寬度卻會因內外反射的狀況不同而有所差異。藉由 Snell 定律的計算，當為外反射狀況時(即光疏→光密，$n < n'$)，折射後的光束變得較寬；若為內反射的情形(即光密→光疏，$n > n'$)，折射光束就變得比入射光束窄些。

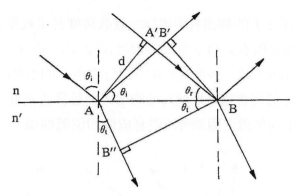

圖 3-8　平行光束遇到平面界面後的反射與折射行為

接下來我們再討論有關發散光束入射在平面上的反射與折射行為。見圖 3-9，由一光點 S 所發出的發散光束經平面產生反射與折射光束，此發出光線進入系統的的光點 S 可視為系統的物點。經平面產生的反射部份仍為發散光束，而且當觀測者觀測此反射部份的光線時，他會認為光線是由原光源 S 對稱於平面之對稱點 S' 所發射出來的，S' 可稱為是平面的像點，此處 S' 稱為光源 S 的虛像(virtual image)。利用反射定率可證明，物點至界面的垂直距離 d 等於像點至界面的垂直距離 d'，即

$$d = d' \tag{3.8}$$

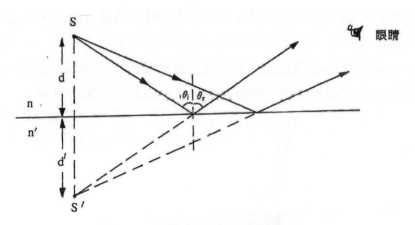

圖 3-9　發散光束經平面界面的反射

發散光束的折射部份也會有成像的問題產生，同時會因為折射率的影響，而有發散角錐的變化。圖 3-10 顯示的是在內反射($n > n'$)的情況下，發散光束的折射情形。假設此內反射狀況的光密介質為水，光疏介質是空氣，那麼圖 3-10 就相當於一物點 S 放置於水中 d 的深處。由 S 所發出的光線經界面折射進空氣中，每一條光線都要滿足折射定律，故對在空氣中任一方向觀測到的折射光束也是發散光束。由於折射角 θ_t 大於

入射角 θ_i，所以在 S 正上方的觀測者觀測到的發散角度必定較原光束的發散角度來的大，也因爲如此，觀測者所看到的虛像 S' 的深度 d' 必定小於 d。對在其它方位的觀測者而言，隨著觀測位置的不同，將會看到在不同位置所成的虛像(由所看到光線延伸線的交點構成)，虛像的位置將會隨著觀測角度的增大而越靠近水面。圖 3-10 中由虛線所繪出的曲線，即爲在不同位置上觀測時所看見成像的位置曲線。

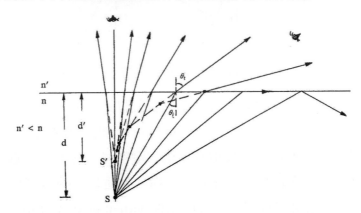

圖 3-10　發散光束在內反射($n > n'$)時的成像情形

同理在外反射($n' > n$)狀況下也會有類似的情形發生，見圖 3-11。外反射狀況相當於水中的觀測者觀看岸上物體的情形。令 S 爲空氣中的物點，在水面上 d 處。由 S 所發出之發散光束的折射光經水面折射入水中，其折射光仍爲發散光束，且因爲 $\theta_i > \theta_t$，所以正下方的觀測者所看到的虛像 S'，會在距水面更遠處，亦即 $d' > d$。隨著觀測方向角度的增大，所成虛像的位置也越遠離水面。無論是內反射或是外反射，其成像的位置變化，常常造成我們視覺上的判斷錯誤，這是一個非常有趣的現象。

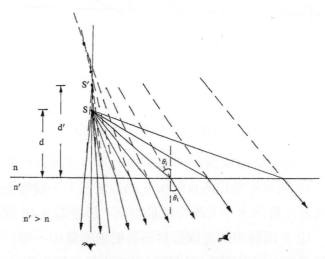

圖 3-11　發散光束在外反射($n' > n$)時的成像情形

例題 3

空氣中的觀測者在水面上觀測置於正下方水($n_水 = 1.33$)中深度爲 d 的物體(參見圖 3-12)，求

(1)他所看到的物體距水面有多深？

(2)若在小角度觀測的條件下，觀測到的物體深度爲何？

解　(1)　由題意知觀測者所在介質 $n' = 1$，物點所在介質 $n = 1.33$

設觀測到物體的深度爲 d'，亦即爲 S 所成虛像的深度。

由圖可知

$$\overline{OB} = d' \tan \theta_i = d \tan \theta_i$$

所以

$$d' = d \frac{\tan \theta_i}{\tan \theta_t} = d \frac{\sin \theta_i \cos \theta_t}{\sin \theta_t \cos \theta_i} \qquad (3.9)$$

利用 Snell 定律

$$n \sin \theta_i = n' \sin \theta_t$$

代入(3.8)式

$$d' = d \frac{n' \cos \theta_t}{n \cos \theta_i} = d \frac{\sqrt{(n')^2 - n^2 \sin^2 \theta_i}}{n \cos \theta_i} \qquad (3.10)$$

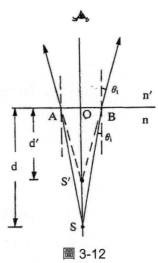

圖 3-12

由(3.10)式可知，觀測到的虛像深度，除了和折射率 n、n'有關外，也和物體 S 所發出的角度 θ_i 有關。

(2)　在小角度的條件下

$$\sin \theta \approx \tan \theta \approx \theta，\cos \theta \approx 1$$

那麼(3.46)式可改爲

$$\frac{d'}{d} = \frac{\theta_i}{\theta_t}$$

Snell 定律爲

$$\frac{n'}{n} = \frac{\theta_i}{\theta_t}$$

由(3.48)式，(3.49)式，可得

$$\frac{d'}{d} = \frac{n'}{n}$$

故觀測到的像深爲 $0.75d$

3-6　凸透鏡與凹透鏡

由兩個曲面所構成的透鏡(lens)有別於平面透鏡，具有會聚或發散的功能，我們一般常用的透鏡多屬此類，例如單一焦距的眼鏡、放大鏡等。此外也可按照特殊用途將材料進行磨成或組合，例如多焦點眼鏡、廣角及變焦鏡頭的物鏡等。這些透鏡可分為凸透鏡(convex lens)和凹透鏡(concave lens)。

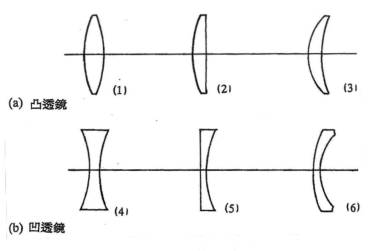

圖 3-13　透鏡種類

若透鏡的中間部份較周圍邊緣來得厚，就稱為凸透鏡，譬如圖 3-13 中(a)部份的透鏡：(1)稱為雙凸透鏡(biconvex lens)，它的兩個面的曲率半徑(r_1 , r_2)分別滿足 $r_1 > 0$ 以及 $r_2 < 0$，(2)稱為平凸透鏡(plano-convex lens)，它是將透鏡兩個面中的一面磨成平面，譬如若 $r_1 > 0$，則 $r_2 = \infty$，(3)凹凸透鏡(convavo-convex lens)或稱為月凸透鏡(positive meniscus lens)，這種透鏡的兩個曲率半徑之符號要相同，如果同時為正，則 $r_1 > r_2$；若同時為負，則要滿足｜r_2｜>｜r_1｜。值得注意的是，雖然我們經常習慣上把凸透鏡和凹透鏡分別視為會聚和發散系統，但實際上這還要依照透鏡所在的環境(疏介質或密介質)來決定，一般而言，如果沒有特別聲明〝透鏡放置在某某環境介質中〞的話，就表示透鏡是放置在空氣介質中，也就是在光疏介質中之意。例如這三種凸透鏡在疏介質的環境中都能使光束產生會聚的作用而成為會聚系統，又稱「正透鏡」。

另外一種透鏡，它的中間部份較周圍邊緣來得薄，稱為凹透鏡，譬如圖 3-13 中(b)部份的透鏡：(4)稱為雙凹透鏡(biconcave lens)，它兩個面的曲率半徑分別要滿足 $r_1 < 0$，$r_2 > 0$ (5)稱為平凹透鏡(plano-concave lens)，當平面在第一個面時，$r_1 = \infty$，$r_2 > 0$；而平面是在第二個面時，$r_2 = \infty$，$r_1 < 0$ (6)稱為凸凹透鏡(meniscus lens) 或稱為月凹透鏡(negtive meniscus lens)，這種透鏡的兩個曲率半徑之符號要相同，如果同時為正，則 $r_1 > r_2$；若同時為負，則要滿足 $|r_2| > |r_1|$。由於這三種凹透鏡在疏介質的環境中都能使光束產生發散的作用而成為發散系統，又稱「負透鏡」。

圖 3-13 中的(3)和(6)常容易產生混淆，但只要記得前述凸透鏡和凹透鏡的定義(例如凸透鏡的中間部份較周圍邊緣來得厚)就能掌握。透鏡的兩個球面圓心之連線稱為這個透鏡系統的光軸或稱主軸，兩個球面頂點之間光軸的長度稱為透鏡的厚度(thickness)，常用符號 t 表示。我們拿 t 的大小與由透鏡衍生出的物距、像距、曲率半徑以及焦距等的大小來做比較，若 t 不能被忽略不計，我們就稱這種透鏡為厚透鏡(thick lens)，t 很小而可被忽略不計就稱為薄透鏡(thin lens)。至於各種透鏡的焦距、成像原理和成像性質，例如成像位置、橫向放大率、縱向放大率、倒立或正立等，將在後面幾章討論。

Chapter **4**

高斯球面

4-1　高斯光學概述

　　前面我們討論了關於光線入射到光學平面的各種幾何性質，這些性質也適用於光線入射到曲面上的情形，因為任意一個曲面都可看成是由許許多多面積無限小的平面組合而成。在光學的應用上，曲面的應用要比平面廣泛得多，因為具有曲面的元件除了和光學平面一樣會造成光線方向的改變外，還能使光束產生發散(diverge)或會聚(converge)的現象，因而有不同的成像方式。在各種形式的曲面當中，球面有以下的優點：設計簡單、便於加工，因此成為目前實際應用上最常使用的曲面。

　　當發散光束入射至球面界面時，因為每條光線入射在界面上的位置和高度不同，所以在各個極小光學平面上的入射角度也不會一樣，利用 Snell 定律計算其折射角和光程後，這些光線並不能盡如人意的會聚成一個像點，這種失眞的現象即在於系統存在著像差的問題。在幾何光學中處理實際光學系統的成像時，往往會先避開像差所造成的影響，而是用理想光學系統的成像概念：一個物點經光學系統後形成一個像點，而且直線物所形成的像也是直線。這種以理想光學的成像概念來取代實際光學成像的做法，不僅可以省去許多繁複的數學計算，而且計算結果也具有相當程度的準確性，可以說是實際光學系統的基礎，同時也更容易讓人們了解光學儀器的一般性質。

　　理想光學系統的理論是在 1841 年由高斯(Gauss)建立的，所以就把這種光學理論稱為高斯光學(Gauss optics)。高斯光學中的方程式都是屬於線性一階方程式：在小角度的條件下(通常是指小於 10^0)，三角函數的正弦函數值可以直接用弳度值(radian)來取代，

亦即 $\sin\theta \approx \tan\theta \approx \theta$；$\cos\theta \approx 1$。所以也稱爲一階光學(first order theory of geometrical optics)。而小角度的條件限制了光線距離軸的高度必須要在光軸附近，所以又稱爲近軸光學(paraxial theory of geometrical optics)。例如在高斯光學的條件下，Snell 定律可改寫爲：

$$n\theta_i = n'\theta_t \tag{4.1}$$

這使得具有曲率的球面界面也可視爲平面來處理，這在用作圖法來解決問題時將會方便許多。而同樣這個概念如果是用在透鏡時，我們便可以簡單地把透鏡的厚度視爲 0，但仍存在透鏡系統的會聚或發散本質，這也是在後面章節中所提到的薄透鏡的基本概念。

4-2　球面折射

這裡先介紹並說明一些成像系統的光學名詞和概念。眞實的光源都是具有體積大小的，然而爲了使用上的方便，我們有所謂的點光源(point source)，這是一個具有幾何位置但沒有體積大小的光源點，在現實上並不存在，這如同力學中的質點一樣，是具有質量但不計體積的點。

在光學系統中，還沒有通過光學系統的光線會聚點，定義爲物點(object point)。若光線確實是由某一個發光點發出，這個點光源稱爲實光點或實物點(real object point)；若是由實際光線的延伸線構成的點，這個點就稱爲虛光點或是虛物點(virtual object point)。若組成光束的所有光源都會交於某一點，這種光束稱爲同心光束，所交會的那一點爲實光點，此同心光束稱爲會聚光束；反之，如果同心光束的心是虛光點，則此同心光束稱之爲發散光束；至於所謂的平行光束，即是指光束會聚或發散在無限遠的地方，這句話意味著不論是會聚或發散，如果是在足夠的遠處才發生，我們便可將此光束視爲平行光束來簡化問題。

在光學系統中，通過光學系統後光線的會聚點，定義爲像點(image point)。若像點是由實際的光線交會而成的，稱爲實像點(real image point)；若是由光線的反向延伸線所交會而成的，則稱爲虛像點(virtual image point)。用同心光束的觀點來看，會聚光束構成了實像點，發散光束構成了虛像點。由實像點所組成的像叫實像(real image)，由虛像點所組成像就叫做虛像(virtual image)。

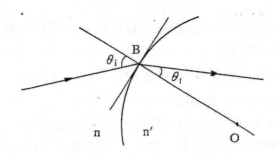

圖 4-1　球面折射

　　以下僅就單一球面所構成的光學系統來討論光的折射性質。對單一球面而言，若光線入射至球面上的某一點，如圖 4-1 中的 B 點，則此入射光相當於入射到與球面相切於 B 點的無限小平面上。當光線入射在平面界面後，便會有反射與折射的現象，其中過 B 點與球心 O 的連線即為切平面的法線，所以入射光線將以滿足 Snell 定律的折射角來決定經過球面後光線偏折的方向。

【會聚系統】

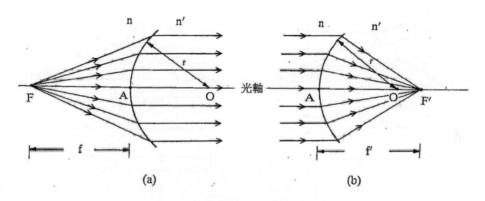

圖 4-2　光通過凸球面會聚系統

　　圖 4-2 所示的單一球面，其球心(曲率中心)O 在球面的右邊，我們定義這種球面為凸球面(convex surface)，球面至球心的距離稱之為曲率半徑(curvature radius)，以符號 r 來表示。球面的光軸(optical axis)指的是通過球心 O 的一條直徑，又稱主軸。當光線延著光軸的方向行進時，經過界面並不會產生偏折，這是因為該軸即為前述的法線(參見圖 4-1)的緣故。光軸與球面的交點 A 稱為頂點(vertex)。

　　取折射率為 n' 的凸球面材料，放置於折射率為 n 的環境介質中。在 n 小於 n' 的條件下，當我們把一個實光點放置在 n 介質中的光軸上左右移動時將會發現，在某個位置所發出的發散光束經球面折射後，折射光都會平行於光軸射出，如圖 4-2(a)。此位置定義為系統的第一焦點(primary focal point)，用符號 F 表示，第一焦點到頂點的距離 f 稱為第一焦距長(primary focal length)。若將一平行於光軸的平行光束入射至凸球面，則所有的折射光線會會聚於光軸上某一點上，這個點的位置定義為系統的第二焦點(secondary focal point)，如圖 4-2(b)中的 F'，第二焦點到頂點的距離 f' 稱為第二焦距長(secondary focal length)。

　　歸納以上的現象我們可以得到一個結論：由第一焦點 F 所發出的光線經系統後必平行於光軸射出；平行於光軸的入射光線經系統折射後必通過第二焦點 F'。圖 4-2 中的光線在通過系統後都是以偏向光軸的方向折射，具有這種效果的系統稱為會聚系統(convergent system)。

【發散系統】

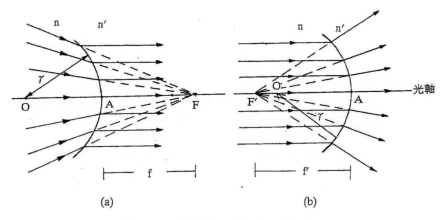

圖 4-3　光通過凹球面的發散系統

　　圖 4-3 顯示的是球心 O 在球面左邊的情形，這種球面定義為凹球面(concave surface)。同樣將 n' 的凹球面材料置於疏介質 n 中，我們會發現在光軸上某個位置的虛光點所發出的會聚光束經凹球面後，折射為平行於光軸的平行光束(圖 4-3(a))。反之，平行於光軸入射的平行光束經凹球面後，折射光的延伸線也會在軸上交於一點(圖 4-3(b))。依照前面對焦點的定義，我們同樣可以定出在 n 小於 n'的情況下，凹球面系統的第一焦點 F、第一焦距長 f、第二焦點 F' 以及第二焦距長 f'。在這圖 4-3 中我們也可以看出，光在經過系統後是以偏離光軸的方向折射，因此稱這種系統為發散系統(divergent system)。須注意的是發散系和匯聚系統的定義的第一焦點和第二焦點的位置是相反的。

　　另外值得注意的是，在圖 4-2 和圖 4-3 中，若 n 為密介質而 n' 為疏介質，在滿足 Snell 定律的折射條件下，焦點的位置將會有所變動。例如，對凸球面系統來說，第一焦點將會在凸球面頂點的右邊，第二焦點的位置則變成在頂點的左邊；對凹球面系統面言，也是同樣的道理。由此可見，焦點的位置取決於兩個因素：一是球面為凹或凸面？另一因素是球面兩邊介質折射率的大小差別。此外，在圖 4-2 或 4-3 中，第一焦距長和第二焦距長並不相等，這兩個焦距長的比值將和球面兩邊折射率的比值有關，關於這一點，我們在後面會有詳細的計算。

【焦平面】

　　通過焦點與光軸垂直的面，我們將之定義為焦平面(focal plane)，在圖 4-4 中，我們用一個會使光束會聚的凸球面系統來加以說明。通過第二焦點的平面為第二焦平面，由前面的定義可知，平行於光軸的平行光束經球面折射後會會聚於第二焦點上。在此我們更進一步推廣為：任何平行光束經球面折射後，不論其入射光束的角度如何，必會聚於第二焦平面上的某一點。如圖 4-4 所示，與光軸夾 θ 角度的平行光束，折射後會聚於焦平面上的 Q' 點。同理，根據第一焦點的定義以及光的可逆性，我們也可以得到如下的結論：第一焦平面上離軸的點光源所發出的光束經球面折射後，會形成與軸夾 θ 角的平行光束。

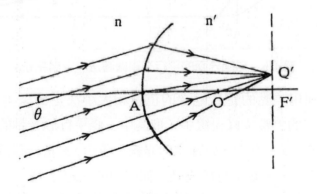

圖 4-4　焦平面

4-3　球面成像圖解法

在球面界面的成像系統中物與像之間的關係也可以用繪圖的方式得到，以下就介紹兩種圖解成像的方法。

1. 平行光線繪圖法(parallel-ray method)，簡稱平行線法，又稱為三條線作圖法：

圖 4-5 說明了物體對一個凸球面的成像情形。假設 $\overline{QM}$ 為一個正立於光軸上方的物體，放置在凸球面左邊的 n 介質中，而凸球面右邊的材料折射率為 n'，在 n 小於 n' 的條件下，這是一個會聚的系統，亦即第一焦點在頂點的左邊，第二焦點在頂點的右邊。在此例子中，真實的界面為凸球面，但在近軸的條件下，可以用平面 $A'A''$ 來取代它，因此所畫的光線到了平面 $A'A''$ 上即開始偏折，因此可得到沒有像差的理想成像點。

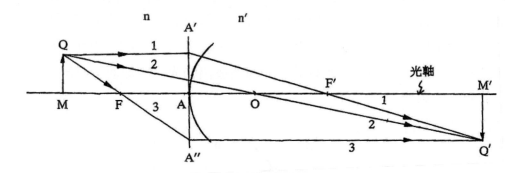

圖 4-5　球面界面的平行光線繪圖法：會聚系統

此方法是利用焦點的定義把像的位置和大小決定出來：選取物體頂端的點 Q，在 Q 所發出的無數多條光線中，取其中一條平行於光軸的光線，這條光線折射後必通過系統的第二焦點，如圖中的光線 1 所示。再取一條通過系統第一焦點 F 的光線，此光線折射後必平行於光軸，如圖中的光線 3 所示。利用這兩條經過系統折射後的光線交會點，就可以定出物點 Q 的像點 Q'，Q' 到光軸的垂足 M' 即為物體成像的位置，而 $\overline{Q'M'}$ 即為物 $\overline{QM}$ 的像。因為所成的像是由實際光線所會聚而成，所以是一個倒立的實像。

　　　　還有一條光線也可以用來決定像點位置，這條光線是取指向球心的入射光線，如圖 4-5 中的光線 2。由於此光線是指向球心，因而在界面上是以 0° 的入射角入射，所以不會發生偏折，保持原來方向繼續行進，和光線 1 和 3 會聚於 Q' 點。只要取上述三條光線中的任意兩條光線，即可求得像的位置、大小和方位變化，而第三條光線則可以用來印證其正確性。

　　　　圖 4-6 所顯示的是一個凹球面的發散系統，同樣可以使用平行光線繪圖法求像。由於是發散系統，故系統的第一焦點在凹球面的右邊，而第二焦點在凹球面的左邊。取由物點 Q 所發出光線中的三條：光線 1 平行於光軸，經過界面 $A'A''$ 後折射光的延伸線必通過 F' 點；光線 2 為過球心不偏折的光線；光線 3 所取的是指向第一焦點 F 的光線，經過界面 $A'A''$ 後將平行於光軸射出。必須注意的是，這三條光線所交會的點，是由它們的反向延伸線交會而成(以光線 1、3 為例，折射光實際並沒有通過 Q' 點)，所以是一個虛的像點 Q'，$\overline{Q'M'}$ 為一個正立的虛像。

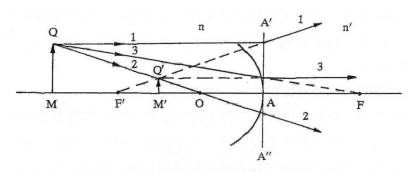

圖 4-6　球面界面的平行光線繪圖法：發散系統

2.　斜線繪圖法(oblique-ray method)，簡稱為斜線法：

　　　　平行光線繪圖法可以決定出一個離軸物點的成像位置。若是位於軸上的物點(例如圖 4-5 與 4-6 中的 M 點)，我們就無法利用相同的方法來得到 M' 的位置，這個時候就必須改用斜線繪圖法了。

　　　　斜線繪圖法是針對軸上物點的成像，如圖 4-7 所示，由軸上物點 M 所發出的光線中，任取一條不平行於光軸的斜線如光線 $\overline{MT}$，接著過球心 O 作一條與 $\overline{MT}$ 光線平行的輔助光線 $\overline{OX}$。在第一節中，我們曾經提到：平行光束經過一個光學系統後，必會聚在第二焦平面上的某個點，所以對 $\overline{MT}$ 與 $\overline{OX}$ 所組成的平行光而言，也一定會會聚在第二焦平面 $\overline{XF'}$ 上。又因為經過球心的光線不會發生偏折，所以 $\overline{MT}$ 光線在經界面折射後，必通過 $\overline{OX}$ 光線與焦平面 $\overline{XF'}$ 的交點 X，$\overline{TX}$ 即為折射光線，

折射光與光軸的交點 *M′* 即爲物點 *M* 的像。在圖 4-7 的圖中，顯然 *M′* 是一個實像點。

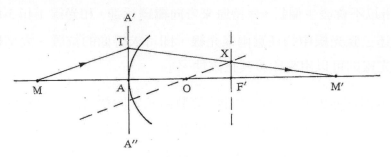

圖 4-7　球面界面的斜線繪圖法

4-4　球面成像公式

在介紹球面成像公式之前，首先必須先介紹本書所採用的符號規則，此後書中所有的成像公式，除非有特別的說明，都會依此符號規則來計算和應用，因此必須牢記在心。符號規則如下：

1. 在所畫的光路圖中，光線皆由左向右傳播。
2. 物在頂點的左邊，物距的符號取正號；若在頂點右邊，符號取負號。
3. 像在頂點的右邊，像距的符號取正號；若在頂點左邊，符號取負號。
4. 會聚系統的第一焦距長和第二焦距長的符號取正號，發散系統的第一焦距長和第二焦距長的符號取負號。
5. 凸球面的曲率半徑符號取正號，凹球面的曲率半徑符號取負號。
6. 物高與像高的符號就如同直角座標系中縱軸值的正負一樣，若從光軸向上測量，符號取正號；從光軸向下測量，符號取負號。

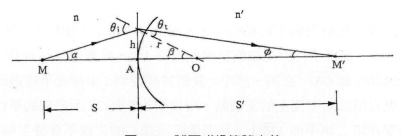

圖 4-8　球面成像符號定義

參看圖 4-8，假設軸上物點 M 所發出的光線經界面折射後形成像點 M'，根據圖中的幾何關係，我們可以將單一球面的近軸成像公式推導出來。

$$\frac{n}{s} + \frac{n'}{s'} = \frac{n'-n}{r} \tag{4.2}$$

(4.2)式為物體對單一球面的成像公式，稱之為高斯公式(Gaussion formula)。s 為物到頂點的距離，稱之為物距；s' 為像到頂點的距離，稱之為像距。r 為球面的曲率半徑，n 和 n' 則分別代表球面左、右兩邊介質的折射率。在圖 4-9 中的物像關係以及符號規則可知，前面所提到的三個量 r、s、s' 皆為正值，但在其他狀況下，公式中的 r、s、s' 必須依照符號規則來決定符的正負號。

(4.2)式中等式右邊的量，定義為此單一球面的屈光度(diopter)，又稱為折光能力(refracting power)，在視覺光學中很重要的觀念－聚散度(vergence)便是以此來表示，符號為 P。

$$P = \frac{n'-n}{r} \tag{4.3}$$

P 的絕對值愈大，表示光通過球面後的偏折也愈大。P 的單位是長度單位的倒數，習慣上是以 m^{-1} 來表示，或寫成 D (即 m^{-1})。此外，會聚系統的 P 值為正，表示此單一球面的第一焦點在頂點的左邊，第二焦點在頂點的右邊，兩個焦距長的符號皆取正；反之，若 P 為負值，表系統是一個發散系統，第一焦點在頂點右邊，第二焦點在頂點左邊，兩個焦距長的符號皆取負。由以上討論可知，屈光度和焦距有直接的關係，它們彼此之間所滿足的關係式可由下面的說明求得。

對一個有會聚作用的單球面系統而言，若將物體放置在頂點左邊無限遠處，物所發出的光線相對於球面來說就是個平行於軸的平行光束，由第二焦點的定義可知其成像就在第二焦點上，亦即

$$s = \infty \Rightarrow s' = f'$$

代入(4.2)式可得

$$\frac{n'}{f'} = \frac{n'-n}{r} \tag{4.4}$$

若將物放置在第一焦點上，則由第一焦點的定義知道成像會在頂點右邊無限遠處，亦即

$$s = f' \Rightarrow s = \infty$$

代入(4.2)式可得

$$\frac{n}{f} = \frac{n'-n}{r} \tag{4.5}$$

比較(4.4)式及(4.5)式，可知

$$\frac{n'}{f'} = \frac{n}{f} = \frac{n'-n}{r} \tag{4.6}$$

(4.6)式說明了單球面系統的兩個焦距長一定不相等，而是與界面兩邊介質的折射率有關，此外也說明了屈光度與焦距之間的關係。利用(4.2)式及(4.6)式，我們可以求出系統的焦點位置和軸上像點的位置，但是卻無法求得像的大小及方位(正立或倒立)，關於成像放大率的關係式則需要藉助於圖 4-9 推導出來。

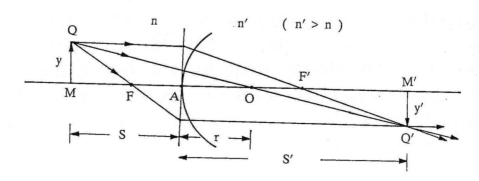

圖 4-9 成像放大率的參考圖

設 Q 為離軸最遠的物點(通常指的就是物體頂端那個點)，那麼 $\overline{MQ}$ 即為物高，以 y 表示之，而所成的像 $\overline{M'Q'}$ 為像高 y'。依照符號規則的規定，圖中 y' 的符號是負的，其餘 y、s、s'、r、f 以及 f' 的符號是正的。在圖 4-9 中，利用ΔQMO 和$\Delta Q'MO$ 的相似關係，可求得兩三角形的邊長比為

$$\frac{-y'}{y} = \frac{s'-r}{s+r} \tag{4.7}$$

像高 y' 與物高 y 的比值定義為系統的橫向放大率(lateral magnification)，用 m 表示，則

$$m = \frac{y'}{y} = -\frac{s'-r}{s+r} \tag{4.8}$$

若橫向放大率為正值，表示所成的像是一個和物同方位的虛像；橫向放大率為負值，所成的像就是個和物相反方位的實像。

例題 1 ....●

取一個折射率為 1.5 的玻璃長棒，將棒的左端研磨成曲率半徑為 1 cm 的凸球面，物點放置在頂點左邊 4 cm，求

(1) 系統之屈光度
(2) 系統的焦點位置
(3) 像點位置
(4) 橫向放大率
(5) 像的性質(實像還是虛像？)

解 依題意可將系統圖畫出如下

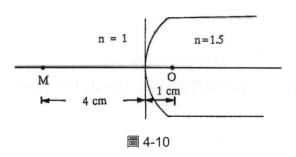

圖 4-10

(1) 將 $n = 1$，$n' = 1.5$，$r = 1$ cm 代入(4.9)式可得

$$P = \frac{1.5-1}{1} = 0.5 \ (\text{cm}^{-1}) = 50 \ D$$

(2) 由屈光度為正值可知這是一個會聚系統，兩焦距長可利用(4.12)式求得

$$\frac{1}{f} = \frac{1.5}{f'} = 0.5 \ (\text{cm}^{-1}) \quad \Rightarrow \quad f = 2 \ \text{cm}, \quad f' = 3 \ \text{cm}$$

這表示第一焦點位於頂點左邊 2 cm，第二焦點在頂點右邊 3 cm。

(3) 利用高斯公式求得成像位置

$$\frac{n}{s}+\frac{n'}{s'}=P$$

$$\frac{1}{4}+\frac{1.5}{s'}=0.5 \text{ (cm}^{-1}) \quad \Rightarrow \quad s'=6 \text{ cm}$$

成像位置在距頂點右邊 6 cm 的玻璃內。

(4) 橫向放大率

$$m=-\frac{s'-r}{s+r}=-\frac{6-1}{4+1}=-1$$

(5) 因為 m 為負值,故所成的像為實像點。

我們還可以用斜線法求像的位置及性質,作圖如圖 4-11 所示,並驗證是否與計算的結果相符。

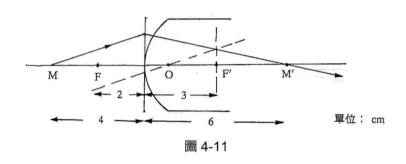

圖 4-11

例題 2

折射率為 1.5 的玻璃長棒,右端磨成球面,曲率半徑為–1 cm,在棒內距頂點左方 5 cm 處有一個實物,高為 0.5 cm,求像的位置、大小以及性質(倒立還是正立?放大還是縮小?實像還是虛像?)。

解 依題意可將系統圖畫出如圖 4-12 所示:

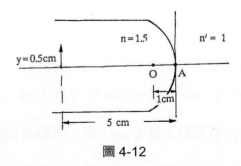

圖 4-12

已知條件：$s = 5$ cm，$n = 1.5$，$n' = 1$，$r = -1$ cm

代入高斯公式可求得成像位置

$$\frac{1.5}{5} + \frac{1}{s'} = \frac{1-1.5}{-1} \quad \Rightarrow \quad s' = 5 \text{ cm}$$

因屈光度爲正值，所以這是一個會聚系統，焦距分別爲

$$\frac{1.5}{f} = \frac{1}{f'} = \frac{1-1.5}{-1} \quad \Rightarrow \quad f = 3 \text{ cm}, \quad f' = 2 \text{ cm}$$

物的橫向放大率爲

$$m = -\frac{s'-r}{s+r} = -\frac{5-(-1)}{5+(-1)} = -1.5$$

$$y' = m \times y = -0.75 \text{ cm}$$

由計算結果可得到一個結論：成像在頂點右邊 5cm，像高 0.75 cm，爲一個倒立放大實像。

　　我們還可以用平行線法求像的位置、大小及性質，作圖如圖 4-13 所示，並可驗證是否與計算的結果相符。

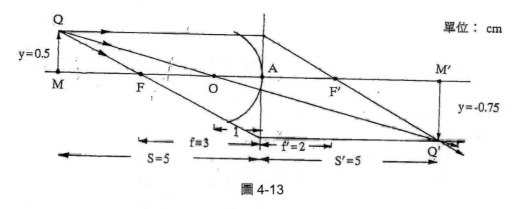

圖 4-13

Chapter 5

薄透鏡

5-1 概述

　　透鏡的厚度 t 的大小，相對於物距、像距、曲率半徑以及焦距，如果是可以被忽略不計的透鏡，稱為薄透鏡。因為厚度忽略不計，所以在光路圖上的代表符號以一條直線來表示，如前面章節所提到的，我們雖然不計透鏡厚度，但仍要薄透鏡的本質考慮進來，當薄透鏡是凸透鏡時，我們用圖 5-1(a)的符號來表示；而薄透鏡是凹透鏡時，就用圖 5-1(b)來表示。圖中 A 點所代表的是薄透鏡兩個面的頂點 A_1 與 A_2 的重合點，稱為透鏡的中心(center)，簡稱為鏡心。對薄透鏡而言，物距、像距、焦距的長度指的都是相對於 A 點的距離值。

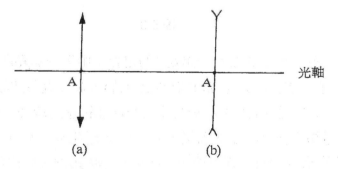

圖 5-1　薄透鏡的表示法：(a) 凸透鏡；(b)凹透鏡

第四章中我們定義了單一球面的第一和第二焦點，同樣的定義方式也適用於薄透鏡系統(事實上也適用於所有光學系統)，我們用圖 5-2 及圖 5-3 來說明。

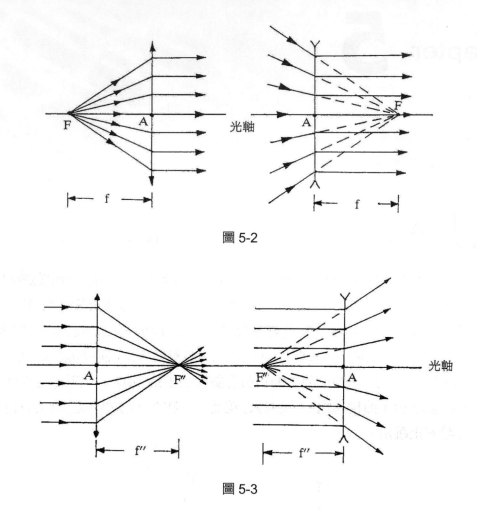

圖 5-2

圖 5-3

　　圖 5-2 說明了第一焦點 F 及第一焦距 f 的定義：由第一焦點所發出的光線(對會聚系統而言)或指向第一焦點的光線(對發散系統而言)，在經過薄透鏡後會平行於光軸射出。而第一焦平面上且離軸的點光源所發出之光線在經過透鏡後，會形成一束與軸夾 θ 角的平行光束，這情形與 4-2 節中所講的完全一樣。圖 5-3 說明了薄透鏡的第二焦點 F' 及第二焦距 f'' 的定義：平行於光軸的平行光束經過透鏡後，會聚集在第二焦點上。而與軸夾角 θ 的平行光束經過透鏡後，也會聚集在第二焦平面上的某一點。至於薄透鏡的 f 與 f'' 的大小也不一定相等，它們的關係式將會在後面的章節中討論。

5-2　成像圖解法

　　與球面成像圖解法相似，我們可以利用已知路徑的光線繪圖法(也就是利用焦點的定義)，將成像的位置和大小決定出來。有兩條光線是已知路徑：第一條光線是通過或指向第一焦點的入射光線，在經過薄透鏡後會平行於光軸射出；另一條光線是平行於光軸的入射光線，在經過薄透鏡後會通過第二焦點。在前一章單一球面成像繪圖法中有一條光線是不偏折的，指的是通過球心的光線。在薄透鏡系統中，如果薄透鏡是放在均勻的介質中，也就是說透鏡左邊與右邊的環境介質是相同的，那麼通過薄透鏡中心 A 的光線將不會偏折。但是如果薄透鏡左邊與右邊的環境介質是不相同的，通過 A 的光線就會偏折了。

　　將薄透鏡置於均勻介質中，利用上述三條光線中的任意兩條光線就可以將像的位置、大小及性質求出來，此即為平行線法，見圖 5-4。若薄透鏡左邊與右邊的環境介質不相同的話，我們可以先利用圖 5-4 中(1)與(2)的光線來繪圖，在找出像的位置和大小後，再連接 Q 與 Q'' 點，即可找出不偏折光線與光軸的交點來。

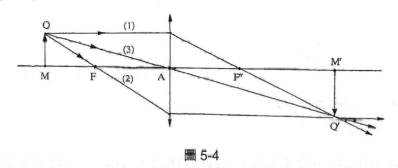

圖 5-4

　　斜線法同樣也可以應用在薄透鏡的成像問題上，參看圖 5-5。從軸上物點 M 任意畫出一條斜光線 $\overline{MT}$，利用「在均勻的介質環境中，過 A 點的光線不偏折」的性質，所以過 A 點做平行於 $\overline{MT}$ 的輔助線 $\overline{AB}$，且設 $\overline{AB}$ 與第二焦平面交於 B 點。$\overline{MT}$ 與 $\overline{AB}$ 這兩條平行光會會聚在第二焦面上，所以 $\overline{MT}$ 入射光通過薄透鏡之後，折射光線也會通過 B 點，其與光軸的交會點 M' 就是 M 的像點，像距為 $\overline{AM'}$。

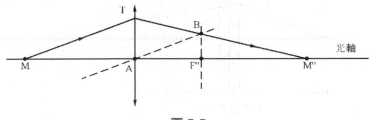

圖 5-5

5-3 成像公式

　　利用第四章中單一球面的成像公式，我們可以將薄透鏡的成像公式推導出來。雖然我們把薄透鏡的厚度忽略不計，但基本上它仍是由兩個單一球面，中間夾著光學介質材料而組成。因而對薄透鏡系統的成像就相當於是做了兩次的單一球面成像：物體對於第一個球面所成的像，就把它當成第二個球面的物；第二個球面的物再對第二個球面成像，這個像也就是物體對薄透鏡成像的最終所在，這就是薄透鏡的成像過程。而物對第一個球面的成像位置與頂點 A_2 之間的長度，就是第二個球面的物距，至於物距的符號是正還是負，則要視物在 A_2 之左邊或右邊而定。

　　在圖 5-6 中 M 為物點，我們要求出經由薄透鏡成像的像點位置。(b)圖中的 M 與 M' 是相對於第一個球面的一對共軛點，物距與像距分別用 s_1 及 s_1' 表示。而(c)圖中的 M' 與 M'' 是相對於第二個球面的共軛點，物距為 s_1'，像距是 s_2''，上述各個量之間的關係分別要滿足以下的式子

$$\frac{n}{s_1}+\frac{n'}{s_1'}=\frac{n'-n}{r_1} \tag{5.1}$$

$$\frac{n'}{s_2'}+\frac{n''}{s_2''}=\frac{n''-n'}{r_2} \tag{5.2}$$

因薄透鏡的厚度可忽略不計，所以

$$s_1' = -s_2'$$

由圖 5-6(c)中可看出，位於第二個球面之右側，所以上式中 s_2' 的符號要帶負號。將(5.1)式和(5.2)式相加可得

$$\frac{n}{s_1}+\frac{n''}{s_2''}=\frac{n'-n}{r_1}+\frac{n''-n'}{r_2} \tag{5.3}$$

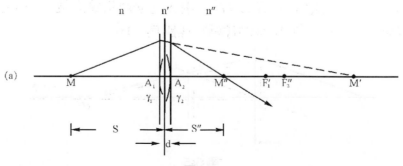

圖 5-6

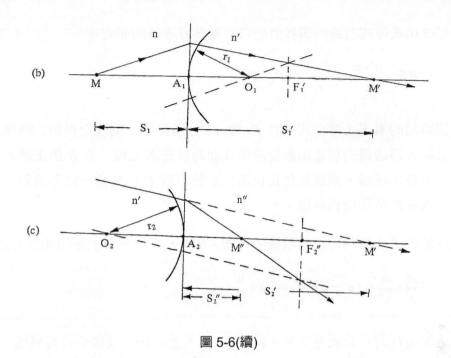

圖 5-6(續)

其中 s_1 與 s_2'' 即相當於是物對薄透鏡系統成像的物距與像距，重新分別以 s 與 s'' 取代，就得到了薄透鏡成像的通式

$$\frac{n}{s}+\frac{n''}{s''}=\frac{n'-n}{r_1}+\frac{n''-n'}{r_2} \tag{5.4}$$

利用(5.4)式，我們可對薄透鏡的特性做進一步的討論。

假設物點在無限遠 $(s=\infty)$，那麼像點必在第二焦點上$(s''=f'')$，因此

$$\frac{n''}{f''}=\frac{n'-n}{r_1}+\frac{n''-n'}{r_2} \tag{5.5}$$

若物點位置就在第一焦點上$(s=f)$，成像將在無窮遠處$(s''=\infty)$，則

$$\frac{n}{f}=\frac{n'-n}{r_1}+\frac{n''-n'}{r_2} \tag{5.6}$$

由(5.5)式和(5.6)式可以得到薄透鏡的兩焦距長比值為

$$\frac{f}{f''}=\frac{n}{n''} \tag{5.7}$$

在(5.5)式和(5.6)式等式右邊的值我們把它定義為薄透鏡的屈光率

$$P = \frac{n'-n}{r_1} + \frac{n''-n'}{r_2} = P_1 + P_2 \tag{5.8}$$

可以很容易的看出，(5.8)式中的 P_1 與 P_2 分別是第一個球面與第二個球面的屈光率。換句話說，薄透鏡的屈光率就是兩個球面的屈光率之和。若 P 為正值，表示這個薄透鏡是一個會聚透鏡，兩個焦距長也都為正值；若 P 為負值，此薄透鏡具有發散光束的功能，兩焦距長則皆為負值。

假設薄透鏡是放置在均勻的介質環境中，即 $n = n''$，我們可將上面的成像公式簡化成

$$\frac{n}{s} + \frac{n}{s''} = (n'-n)(\frac{1}{r_1} - \frac{1}{r_2}) = \frac{n}{f} = \frac{n}{f''} \tag{5.9}$$

又假設薄透鏡所在的介質就是空氣，將 $n = 1$ 代入上式後，成像公式可寫成

$$\frac{1}{s} + \frac{1}{s''} = (n'-1)(\frac{1}{r_1} - \frac{1}{r_2}) = \frac{1}{f} = \frac{1}{f''} \tag{5.10}$$

(5.10)式即是著名的造鏡者公式(lens maker's formula)。

例題 1 ....●

一個平凸薄透鏡的焦距是+ 10 cm，由折射率 $n = 1.52$ 的材料製做而成，試問此平凸薄透鏡的曲率半徑為何？

解 因為放置空氣中，所以 $n = n' = 1$，且 $f = f'' = 10$ cm，

(1) 假設平凸薄透鏡的平面在第一面，即其形狀為 ⊃— ，則表 $r_1 = \infty$

利用(5.10)式可得

$$(1.52-1)(\frac{1}{\infty} - \frac{1}{r_2}) = \frac{1}{10}$$

$$r_2 = -5.2 \text{ cm}$$

(2)　假設平凸薄透鏡的平面在第二面，即透鏡形狀為 ⊖，則 $r_2 = \infty$，代入(5.10)式可得

$$(1.52-1)(\frac{1}{r_2} - \frac{1}{\infty}) = \frac{1}{10}$$

$$r_1 = 5.2 \text{ cm}$$

例題 2

雙凹薄透鏡的兩個球面曲率半徑大小都為 10 cm，折射率為 1.52，求此薄透鏡的屈光率及焦距長為多少？

解　因為是雙凹薄透鏡，所以依符號規則可知

$$r_1 = -10 \text{ cm}，r_2 = 10 \text{ cm}$$

又

$$n = n'' = 1，n' = 1.52$$

$$P = \frac{n'-n}{r_1} + \frac{n''-n'}{r_2} = \frac{1.52-1}{-10} + \frac{1-1.52}{10} = \frac{1}{f} = \frac{1}{f''}$$

可得

$$P = -0.104 \text{ cm}^{-1} = -10.4D$$

$$f = f'' = -9.615 \text{ cm}$$

例題 3

在一個焦距為 + 20 cm 的薄透鏡左邊 40 cm 處有一物體，像成於何處？

解　利用薄透鏡的成像公式

$$\frac{n}{s} + \frac{n''}{s''} = \frac{n}{f} = \frac{n''}{f''}$$

接題意知

$$n = n'' = 1，\quad f = f'' = 20 \text{ cm}$$

所以

$$\frac{1}{40} + \frac{1}{f''} = \frac{1}{20}$$

可得　　$s'' = 40$ cm

像成於薄透鏡右邊 40 cm 處。

　　(5.4)式及(5.10)式稱為薄透鏡成像公式的高斯式(Gaussian form)，式中無論是物距、像距或焦距等物理量的量測都是從中心點 A 點算起。此外根據圖 5-7，我們也可以將成像公式寫成另一種形式。

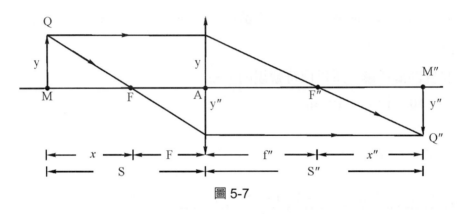

圖 5-7

　　圖中之 x 和 x'' 分別代表物體到第一焦點以及像點到第二焦點之距離，由三角形的相似原理，可以得到邊長成比例的關係式

$$\frac{-y''}{y} = \frac{x''}{f''} = \frac{f}{x} \tag{5.11}$$

根據(5.11)式，另一種形式的成像公式可寫成

$$x\,x'' = f f'' \tag{5.12}$$

(5.12)式稱為透鏡成像公式的牛頓式(Newtonian form)。

例題 4

一個薄凸透鏡的焦距為 +60 mm，物體位於第一焦點右方 40 mm 處，求像的位置。

解 若以牛頓式處理此問題，則

$$x = -40 \text{ mm}, \qquad f = f'' = 60 \text{ mm},$$

代入 $x\,x'' = f f''$ 中可得　　　　$x'' = -90$ mm

故知像位於第二焦點左邊 90 mm 處，亦即透鏡左邊 30 mm 處。

若以高斯式處理這個問題，按照題意知物距為 20 mm，故

$$\frac{1}{20} + \frac{1}{s''} = \frac{1}{60}$$

$$s'' = -30 \text{ cm}$$

結果與上相同。

5-4　放大率

對於薄透鏡橫向放大率的計算，我們可以直接從圖 5-7 和(5.11)式得到

$$m = \frac{y''}{y} = -\frac{f}{s-f} = -\frac{s''-f''}{f''} \tag{5.13}$$

對於 $n = n''$ 的系統而言，可以有一個更簡單的公式來計算橫向放大率。

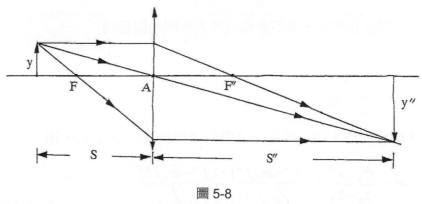

圖 5-8

圖 5-8 說明了當 $n = n''$ 時，過中心點的光線不會產生偏折的情形，所以利用邊長成比例的關係可知

$$m = \frac{y''}{y} = -\frac{s''}{s} \tag{5.14}$$

將(5.14)式應用在【例題 3】的題目中，物與像形成一對共軛面，它們的橫向放大關係是

$$m = -\frac{40}{40} = -1$$

這表所成的像是一個倒立實像(m 為負值)，大小和物的大小相同($|m| = 1$)。而【例題 4】中的一對共軛面，它們的橫向放大關係為

$$m = -\frac{s''}{s} = -\frac{-30}{20} = 1.5$$

表示所得的像是一個正立放大的虛像(m 為正值)，像高是物高的 1.5 倍。由 m 值的正或負，我們可以判斷出成像的正立或倒立，至於像的實或虛，我們在下一節會有更進一步的討論。

在沿著光軸方向上，像長與物長之比值稱為縱向放大率(longitudinal magnification)，用符號 m_L 表示之。m_L 的大小可藉由圖 5-9 而得。

物 $\overline{AB}$ 沿著光軸放置，若物點 A 的共軛點為像點 A''，物點 B 的共軛點為像點 B''，那麼 $\overline{AB}$ 所成的像即為 $\overline{A''B''}$，m_L 定義為像長與物長的比值，即

$$m_L = \frac{\overline{A''B''}}{\overline{AB}} \tag{5.15}$$

利用(4.7)式，可以求出物距、像距與橫向放大率間的關係為

$$\begin{cases} s = f - \dfrac{f}{m} \\ s'' = f'' - mf'' \end{cases} \tag{5.16}$$

因此若物點 A 的橫向放大率記為 m_A，B 點的橫向放大率記為 m_B，則

$$m_L = \frac{s''_B - s''_A}{s_B - s_A} = \frac{(f'' - m_B f'') - (f'' - m_A f'')}{(f - \dfrac{f}{m_B}) - (f - \dfrac{f}{m_A})}$$

$$= -\frac{f''}{f} m_A m_B \tag{5.17}$$

　　(5.17)式為縱向放大率的通式。假如是在 $f = f''$ 的系統中，縱向放大率就可直接寫成物點 A 與物點 B 橫向放大率乘積的負值。若 m_L 是一個正值，表示物與像的方向是相反的；若 m_L 為負值，則表示物與像的方向相同，以圖 5-9 為例，m_L 值是一個負值。

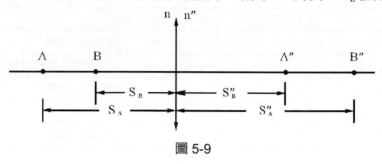

圖 5-9

5-5　成像性質

　　物體在對薄透鏡成像時，若物是沿著光軸放置，所形成的像也會在光軸上，如圖 5-9 所示。如果是垂直於光軸的物面，其共軛面也必垂直於光軸，物與像的方位關係，我們用圖 5-10 來說明。

　　在圖中，橫向與縱向的放大率皆為負值。如果物的位置改變，成像的方向就有可能會改變。表 5-1 即是針對 $n = n''$ 的系統，歸納出實物點($s > 0$)對會聚透鏡與發散透鏡的成像性質。

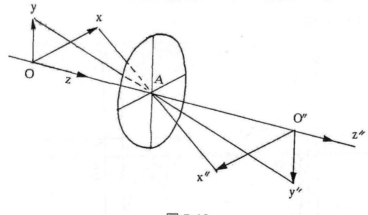

圖 5-10

表 5-1 (a)

會聚透鏡			
物的位置	像的位置	放大率	像的性質
$s = $	$s'' = f''$	0	
$2f < s < $	$f'' < s'' < 2f$	$-1 < m < 0$	倒立縮小實像
$s = 2f$	$s'' = 2f''$	$m = -1$	大小相同的倒立實像
$f < s < 2f$	$2f'' < s'' < $	$m < -1$	倒立放大實像
$s = f$	$s'' = $	$m = $	
$0 < s < f$	$\mid s'' \mid > s$	$m > 1$	正立放大虛像

表 5-1 (b)

發散透鏡			
物的位置	像的位置	放大率	像的性質
$0 < s < $	$\mid s'' \mid < \mid s \mid$	$0 < m < 1$	正立縮小虛像

　　若同時也考慮虛物點(s 為負值)的成像位置，我們可以得到圖 5-11 的結果，圖中的橫座標為物距，縱座標是像距，虛線的部分就是虛物成像的位置曲線。虛物對會聚鏡所成的像是一個正立縮小的實像，對發散透鏡所成的像，則是隨著物體位置之不同而有差異。若虛物位於中心點和第一焦點之間，得到的是正立放大的實像；若虛物在第一焦點的右邊，那麼所成之像將是一個倒立的虛像。圖 5-11 中雙曲線的漸近線即可視為牛頓式中的 x 與 x''軸。

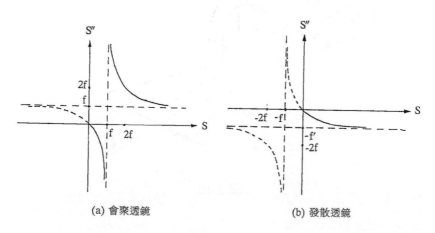

(a) 會聚透鏡　　　　　　(b) 發散透鏡

圖 5-11

　　上面我們雖然討論了虛物的成像性質，但一個光學系統若沒有實物是不可能會有虛物的，也就是說，若物相對於某個透鏡為虛物的話，就表示透鏡左邊一定還有其它的光學元件，光線對該光學元件所成的實像落在透鏡的右邊，因此構成了透鏡的虛物。以圖 5-12 為例，虛物 M 是前面某個光學元件的實像，M 再對薄透鏡成像為一個縮小正立的實像 M''。

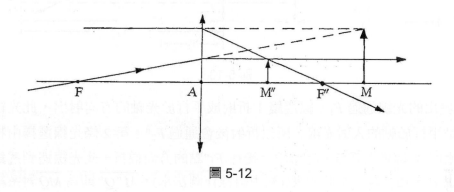

圖 5-12

5-6　透鏡組合

　　透鏡的組合在光學儀器的應用上相當常見，例如望遠鏡和顯微鏡都屬於透鏡組合系統。望遠鏡的基本原理是藉由第一透鏡(物鏡)將遠處的物拉近後，再以第二透鏡(目鏡)放大成像；顯微鏡系統也是物鏡和目鏡組合，其系統放大倍率就是物鏡和目鏡個別放大率的乘積，而物鏡本身並非單一透鏡，是由多個透鏡所組合的一個鏡筒，其中每片透鏡都有其功能。甚至我們也可以把眼睛視為一個多重透鏡的組合系統，而如果我們把配戴的矯正鏡片和眼睛組合起來看，則又成了一個新的透鏡組合了。

　　如果要對多個薄透鏡所組成的光學系統成像，處理的方式是先對第一個薄透鏡成像，把所成的像當做是第二個薄透鏡的物(虛物)，再對第二個薄透鏡成像，這個像又當成第三個薄透鏡的物(虛物)，再對第三個薄透鏡成像…，依此類推，直到對系統的最後一個薄透鏡成像為止。最後所成的像就是物對整個薄透鏡組合系統所成的像。

　　圖 5-13 是以作圖法來求一個物體對兩個薄透鏡組合系統成像的結果。

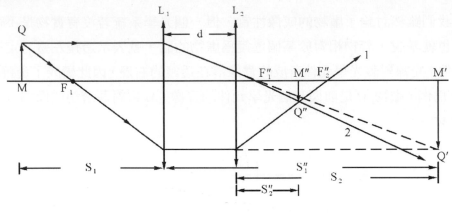

圖 5-13

　　物點發出的光線通過 F_1，經透鏡 1 折射成平行於光軸的方向射出，此光線對透鏡 2 來說，是平行於軸的入射光線，所以折射後會通過 F_2''。第 2 條光線選擇由物點發出平行於光軸的光線進入系統，經透鏡 1 後往 F_1'' 點的方向偏折，此光線遇到透鏡 2 後產生折射，出射光和光線 1 交於 Q'' 點(利用斜線作圖法求)，$\overline{M''Q''}$ 即為 $\overline{MQ}$ 對系統所成的像。其中，$\overline{M'Q'}$ 與 $\overline{MQ}$ 是對透鏡 1 的一對共軛線，$\overline{M'Q'}$ 與 $\overline{M''Q''}$ 則是對透鏡 2 的一對共軛線。假設兩透鏡放在均勻的介質環境中，則

$$\frac{1}{s_1}+\frac{1}{s_1''}=\frac{1}{f_1} \tag{5.18}$$

$$\frac{1}{s_2}+\frac{1}{s_2''}=\frac{1}{f_2}$$

其中

$$s_2 = -(s_1''-d) \tag{5.19}$$

(5.18)和(5.19)式中的 s_1、s_1'' 和 f_1 分別為透鏡 1 的物距、像距與焦距；s_2、s_2''、f_2 則分別是透鏡 2 的物距、像距與焦距，d 為兩透鏡間的距離。根據圖 5-14 的光路圖中可看出，除了 s_2 的符號為負之外，其它所有的量皆為正值。假設 m_1 為 $\overline{QM}$ 與 $\overline{Q'M'}$ 間的橫向放大率，m_2 為 $\overline{Q'M'}$ 與 $\overline{Q''M''}$ 間的橫向放大率，那麼 $\overline{QM}$ 與 $\overline{Q''M''}$ 間的橫向放大率 m 可以寫成

$$m = m_1 m_2 \tag{5.20}$$

在(5.14)式成立的條件下，上式可以寫成

$$m = (-\frac{s_1''}{s_1})(-\frac{s_2''}{s_2}) \tag{5.21}$$

例題 5

兩焦距長都為 10 cm 的凸透鏡與凹透鏡組成一個光學系統，凸透鏡在凹透鏡的左邊，相距 15 cm。在凸透鏡左邊 20 cm 處放置一個高為 2 cm 的物體，求像的位置、大小及性質。

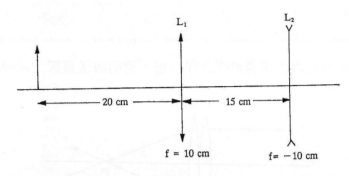

圖 5-14

解　先求物對第 1 個透鏡所成的像：　$s_1 = 20$ cm，　$f_1 = 10$ cm

$$\frac{1}{20} + \frac{1}{s_1''} = \frac{1}{10}$$

可得

$$s_1'' = 20 \text{ cm}$$

且

$$m_1 = -\frac{s_1''}{s_1} = -\frac{20}{20} = -1$$

所成的像在第一透鏡右邊 20 cm 處，是一個大小相同的倒立實像。以這個實像當成第二個透鏡之物，再對第二個透鏡成像，則

$$s_2 = -(20-15) = -5 \text{ cm}, \qquad f_2 = -10 \text{ cm}$$

$$\frac{1}{-5} + \frac{1}{s_2''} = -\frac{1}{10}$$

可得

$$s_1'' = 10 \text{ cm}$$

且

$$m_2 = -\frac{s_2''}{s_2} = -\frac{10}{-5} = 2$$

因此整個系統的放大率為

$$m = m_1 \, m_2 = -2$$

可得像高

$$y'' = m \times y = 2 \times (-2) = -4 \text{ cm}$$

故成像在第二透鏡右邊 10 cm 處，像高 4 cm，是一個倒立放大的實像。

例題 6

若將焦距是 f_1 與 f_2 的兩個薄透鏡膠合在一起，證明薄透鏡膠合系統的屈光率為兩個薄透鏡屈光率之和。

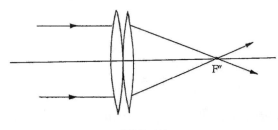

圖 5-15

解 假設系統放置於某個折射率為 n 的介質環境中，無限遠處的物點對此膠合系統成像。由焦點的定義可以知道，成像位置就在此膠合透鏡的第二焦點上，即

$$s'' = f'' = f$$

對第一透鏡而言，無限遠的物所成像在 F_1'' 上，所以對第二透鏡而言，若忽略透鏡的厚度不計，則

$$s_2 = -f_1$$

且

$$s_2'' = S'' = f$$

所以

$$\frac{1}{-f_1} + \frac{1}{f} = \frac{1}{f_2}$$

亦即

$$\frac{1}{f} = \frac{1}{f_1} + \frac{1}{f_2}$$

故可得

$$P = P_1 + P_2 \tag{5.22}$$

Chapter 6

厚透鏡

6-1 概述

　　本章中所要討論的是在高斯光學的條件下，真實透鏡的成像。相對於忽略厚度的薄透鏡來說，真實透鏡指的是將透鏡的厚度也考慮進去的透鏡，也就是所謂的厚透鏡。基本上，厚透鏡可視為兩個球面和一個平面透鏡的組合，所以利用單一球面成像的圖解法以及公式，就可以求得對厚透鏡成像的結果。

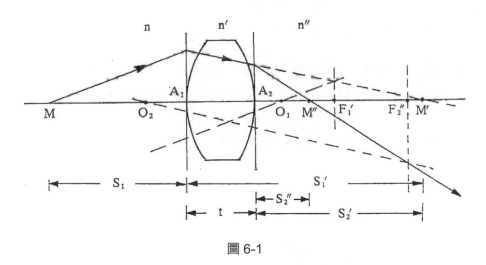

圖 6-1

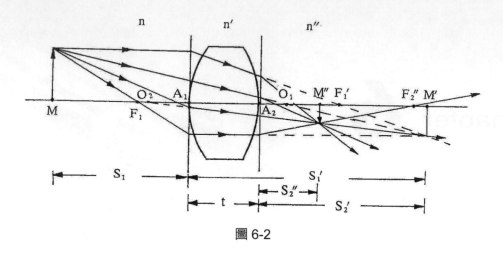

圖 6-2

　　圖 6-1 與圖 6-2 分別是利用斜線法和平行線法來說明厚透鏡成像的過程。在圖 6-1 與 6-2 中，O_1、O_2 分別為兩球面的球心，f_1、f_1' 及 f_2'、f_2'' 則分別是兩球面的第一焦距長與第二焦距長，M 是物的位置，M' 是物對第一個球面的成像位置，而 M'' 則是 M' 對第二個球面所成的像。令透鏡的厚度為 t，這些共軛位置之間的關係將滿足

$$\frac{n}{s_1}+\frac{n'}{s_1'}=\frac{n}{f_1}=\frac{n'}{f_1'}=\frac{n'-n}{r_1} \tag{6.1}$$

$$s_2' = s_1'- t$$

$$\frac{n'}{-s_2'}+\frac{n''}{s_2''}=\frac{n'}{f_2'}=\frac{n''}{f_2''}=\frac{n''-n'}{r_2} \tag{6.2}$$

式中的正負符號是根據圖中所畫出的物、像位置而定。整個厚透鏡的放大率 m（M'' 對 M）等於第一界面的放大率（M' 對 M）乘上第二界面的放大率（M'' 對 M'），可寫成

$$m = m_1 m_2 = \ \left(-\frac{s_1'-r_1}{s_1+r_1}\right)\left(-\frac{s_2''-r_2}{s_2'+r_1}\right) \tag{6.3}$$

例題 1

一個厚透鏡的曲率半徑分別為 $r_1 = 1.5$ cm，$r_2 = -1.5$ cm，厚度為 2 cm，折射率為 1.6，並將此透鏡放置在左邊為 $n = 1.0$ 的介質，右邊為 $n'' = 1.3$ 的介質環境中。無限遠處的物點通過厚透鏡後的成像位置會在哪裏？

解 對第一球面而言：

$$P_1 = \frac{n'-n}{r_1} = \frac{n}{f_1} = \frac{n'}{f_1{}'}$$

故

$$P_1 = \frac{16-1}{1.5} = \frac{1}{f_1} = \frac{1.6}{f_1{}'} = 0.4 \text{ (cm}^{-1}) \quad \Rightarrow \quad f_1 = 2.5 \text{ cm} , \ f_1{}' = 4 \text{ cm}$$

且 $s_1 = \infty$ 代入成像公式中可得

$$\frac{1}{\infty} + \frac{1.6}{s'_1} = 0.4 , \ s_1{}' = 4 \text{ cm}$$

物經第一球面後成像在球面右邊 4 cm 處，因此對第二球面而言

$$P_2 = \frac{1.3-1.6}{-1.5} = \frac{1.6}{f_2{}'} = \frac{1.3}{f_2{}''} = 0.2 \text{ (cm}^{-1}) \quad \Rightarrow \quad f_2{}' = 8 \text{ cm} , \quad f_2{}'' = 6.5 \text{ cm}$$

而且

$$s_2{}' = -(4-2) = -2 \text{ cm}$$

$$\frac{1.6}{-2} + \frac{1.3}{s_2{}''} = +0.2 , \ s_2{}'' = 1.3 \text{ cm}$$

由上面計算可知，無限遠的物點經厚透鏡後，成像位置在第二個球面的右邊 1.3 cm 處。

6-2 主光點

　　任何具有折光能力的光學系統都可依照焦點的定義將此系統的焦點位置決定出來。以【例題1】來說，無限遠的物點所發出的光線到達厚透鏡時，已經可以視爲是平行於光軸的平行光線，所以最後的像點位置實際上就是此厚透鏡的第二焦點位置，圖6-3爲其光路圖。

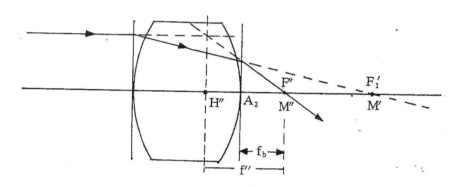

圖6-3　無限遠處平行光穿透厚透鏡的光路圖

　　圖中平行於光軸的光線入射到厚透鏡，在通過透鏡後會聚在光軸上的點就是此系統的第二焦點，故像點 M'' 即爲第二焦點，我們用符號 F'' 表示。最後從系統射出的光線之延伸線與原先平行於光軸的入射光線有一個交點，過此交點對光軸所做的垂線與光軸交於 H'' 點，這一個點稱之爲第二主光點(secondary principal point)，H'' 到 F'' 的距離稱爲系統的第二焦距長 f''，這和前兩章所提的焦距長定義並不相違，原因是對單一球面或薄透鏡而言，H'' 和系統的頂點 A(單一球面)或是透鏡中心點 A(薄透鏡)重合，因此單一球面或薄透鏡所定義的焦距長是由 A 算起，而厚透鏡或組合系統所定義的焦距長則是由 H'' 或 H 算起。圖6-3中，A_2 到 F'' 的距離我們稱爲後焦距長(back focal length)，以符號 f_b 表示。

　　至於厚透鏡第一主光點的定義及位置可以用圖6-4來說明。圖6-4指出，由第一焦點 F 發出的入射光線通過透鏡後必定平行於光軸，這條平行於軸的光線的延伸線會和由第一焦點 F 發出的入射光線相交，過此交點對光軸所做的垂線與光軸交於 H 點，此點稱爲第一主光點(primary principal point)，H 到 F 的距離爲此系統的第一焦距長 f。而頂點 A_1 到 F 的距離稱爲前焦距長(front focal length)，用符號 f_f 表示之。至於 f 與 f'' 之間的關係同樣要滿足(5.7)式

$$\frac{n}{f} = \frac{n''}{f''} \qquad (6.4)$$

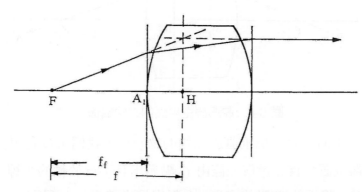

圖 6-4　從第一焦點發出的光穿透厚透鏡的光路圖

　　通過主光點和光軸垂直的面就稱為主平面，平行於光軸的光線入射到厚透鏡上，在遇到第二主平面時，會以折向第二焦點的方向前進；而通過第一焦點的入射光線在碰到第一主平面後，會以平行於光軸的方向由系統射出。主平面在系統中的位置會因透鏡的形狀、厚度、材料等不同而改變。圖 6-5 定性的說明了具有相同屈光率，但形狀不同的會聚透鏡和發散透鏡的主平面分佈狀況。

　　由圖 6-5 中可以看出，主平面的位置並不限於透鏡的內部，有時也可能位於透鏡的外面，而且有些透鏡的第一主平面的位置也並非一定在第二主平面的右邊。

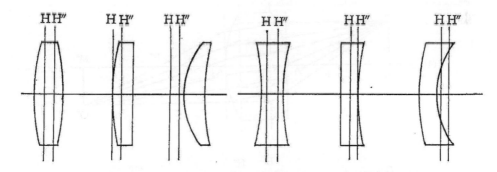

圖 6-5　具有相同屈光度的各種厚透鏡的主平面位置示意圖

　　主平面在透鏡系統中佔有非常重要的地位，原因是由於兩個主平面恰巧是一對具有物像關係的共軛面。關於兩個主平面的共軛關係，我們可藉著圖 6-6 來加以說明。

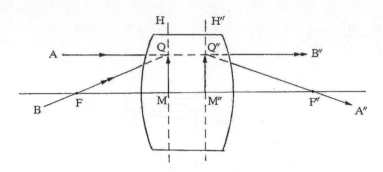

圖 6-6　厚透鏡主平面的共軛關係

　　假設在第一主平面上有一個垂直於光軸的物 $\overline{QM}$，我們可以利用繪圖法來求出它經過透鏡後的成像位置。首先選取一條由 Q 點發出且平行於軸的光線 A，這條光線在碰到第二主平面時，將折往 F'' 點的方向，令射出的光線為 A''。另取一條由物點 Q 射出但經過第一焦點 F 的光線 B，此光線在碰到第一主平面後會平行於光軸射出，令射出的光線為 B''。A'' 與 B'' 這兩條光線都是通過系統後的光線，因此其交會點 M'' 即為 M 的像點。在作圖時可以發現 M'' 的位置正好就在第二主平面上，亦即 $\overline{Q''M''}$ 為 $\overline{QM}$ 的像，而且所成的像和物一樣大，這表示放大率為+1。因此我們稱兩個主平面為一對共軛面或單位平面(unit planes)。由於主平面具有以上的特性，所以無論在作圖或計算上，我們常常利用兩個主平面來取代厚透鏡的兩個真實面，這樣可以方便而快速的得到我們所要的結果。

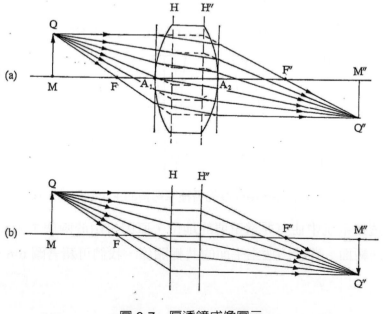

圖 6-7　厚透鏡成像圖示

　　圖 6-7(a)中，物 $\overline{QM}$ 成像在 $\overline{Q''M''}$ 處，這表示所有從物點 Q 發出的光線都會會聚到像點 Q''，圖中每一條光線在透鏡的兩個面上會遵循 Snell 定律的方式來產生折射，我們以實線畫出光線的實際路徑。將兩個主平面放入圖中(圖中之虛線)，那麼平行於光軸的光線在遇上第二主平面後折向 F'' 點，再通過 Q''點。而經過第一焦點 F 的光線在遇上第一主平面後即平行射出並通過 Q''點，如圖中的虛線路徑。

　　我們以兩個主平面來取代厚透鏡的兩個實際面，再重新畫光路圖，如圖 6-7(b)所示，所有光線在兩個主平面間都是平行於光軸的。仔細觀察圖 6-7(b)，我們發現若將兩個主平面間的距離忽略不計，那麼圖 6-7(b)就相當於是一個薄透鏡的平行光線圖解法，因此利用兩個主平面代替一個厚透鏡系統，就相當於是在處理一個簡單的薄透鏡系統。此系統所有的物理量都將從主平面算起，譬如物距是物到第一主平面之間的距離，像距則是第二主平面到像之間的距離，焦點到主平面間的距離為系統的焦距長等等。但是一個厚透鏡的主平面到底在系統的那個位置上？它們和頂點的關係是什麼？厚透鏡系統的屈光率又是多少呢？且看下節分曉。

6-3　厚透鏡公式

　　關於上一節末所列出的問題，將在這一節中提出解答。利用下面的計算結果，我們將會導出一連串有用的公式，若能熟悉這些式子並靈活運用，要了解厚透鏡系統和其成像特性就容易多了。

　　我們利用一條平行於主軸且射至厚透鏡的光線軌跡來求出一些相關物理量之間的關係。圖 6-8 中，三角形 $\Delta T_1A_1F_1'$ 相似於三角形 $\Delta T_2A_2F_1'$，利用邊長成正比的關係，可以寫出下面的關係式

$$\frac{\overline{T_1A_1}}{\overline{A_1F_1'}} = \frac{\overline{T_2A_2}}{\overline{A_2F_1'}} \tag{6.5}$$

令 $\overline{T_1A_1} = h$，$\overline{T_2A_2} = j$，而 $\overline{A_1F_1'}$ 是第一個面的第二焦距長 f_1'，代入上式可得

$$\frac{h}{f_1'} = \frac{j}{f_1'-d} \tag{6.6}$$

其中 d 為透鏡的厚度。此外，$\Delta N''H''F''$ 相似於 $\Delta T_2A_2F''$，可得

$$\frac{\overline{N''H''}}{\overline{H''F''}} = \frac{\overline{T_2A}}{\overline{A_2F''}} \tag{6.7}$$

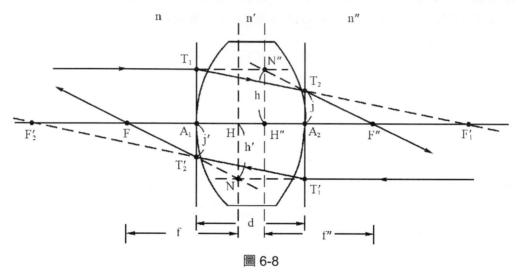

圖 6-8

(6.7)式中，$\overline{N''H''} = h$，$\overline{H''F''}$ 為厚透鏡系統的第二焦距長 f''，所以

$$\frac{h}{f''} = \frac{j}{f'' - \overline{H''A_2}} \tag{6.8}$$

比較(6.6)式與(6.8)式，可得

$$\frac{f_1{}'}{f_1{}'-d} = \frac{f''}{f''-\overline{H''A_2}}$$

重新整理後得到

$$\overline{H''A_2} = f''\,\frac{d}{f_1{}'}$$

上式可寫成

$$\overline{A_2H''} = -f''\,\frac{d}{f_1{}'} \tag{6.9}$$

因為

$$\overline{A_2F''} = f'' - \overline{H''A_2} \qquad (6.10)$$

所以

$$\overline{A_2F''} = f''(1 - \frac{d}{f_1'}) \qquad (6.11)$$

圖 6-8 中，我們再利用一條過焦點 F 的光線軌跡，可以求出其它相關物理量之間的關係。因為 $\Delta T_1'A_2F_2' \sim \Delta T_2'A_1F_2'$ ， $\Delta NHF \sim \Delta T_2'A_1F_2'$ ，所以

$$\frac{h'}{f_2'} = \frac{j'}{f_2' - d} \qquad (6.12)$$

$$\frac{h'}{f} = \frac{j'}{f - \overline{A_1H}} \qquad (6.13)$$

比較(6.11)式與(6.12)式，可得

$$\frac{f_2'}{f_2' - d} = \frac{f}{f - \overline{A_1H}}$$

整理後可得

$$\overline{A_1H} = f\frac{d}{f_2'} \qquad (6.14)$$

因為

$$\overline{FA_1} = f - \overline{A_1H}$$

所以

$$\overline{A_1F} = -f(1 - \frac{d}{f_2'}) \qquad (6.15)$$

(6.9)、(6.10)、(6.14)以及(6.15)式分別以 A_1 和 A_2 為參考點，用來計算頂點到主光點或頂點到焦點的距離。若公式計算的結果為正值，這表示主光點或焦點的位置在參考點的右邊；若計算結果為負值，這表示主光點和焦點的位置就位於參考點的左邊了。

　　至於厚透鏡屈光率的計算，我們可利用對第二個面的成像關係式求得。對圖 6-8 中的平行於軸的光線來說，經第一個面後使無限遠處的物點成像在第一個面的第二焦點上(F_1')。而對第二個面來說，F_1' 相當於是一個虛物點，會成像在位置上，所以

物距：$-(f_1'-d)$

像距：$f'' - \overline{H''A_2} = f'' - f'' \dfrac{d}{f_1'}$ (6.16)

將(6.15)式和(6.16)式代入成像公式

$$\frac{n'}{-(f_1'-d)} + \frac{n''}{f'' - f''\dfrac{d}{f_1'}} = \frac{n''}{f_2''} = \frac{n'}{f_2'} \tag{6.17}$$

上式可以重新整理為

$$\frac{n''}{f''} = \frac{n'}{f_1'} + \frac{n''}{f_2''} - \frac{n''d}{f_1'f_2''} \tag{6.18}$$

在(6.18)式中，我們可將焦距的倒數用屈光率來表示，因為

$$P_1 = \frac{n}{f_1} = \frac{n'}{f_1'} \qquad\qquad P_2 = \frac{n'}{f_2'} = \frac{n''}{f_2''} \qquad\qquad P = \frac{n}{f} = \frac{n''}{f''}$$

P_1、P_2 和 P 分別表示第一個面、第二個面和厚透鏡的屈光率，故

$$P = P_1 + P_2 - P_1 P_2 \frac{d}{n'} \tag{6.19}$$

　　我們將常用的厚透鏡公式，整理成表 6-1。

表 6-1

常用厚透鏡公式
$P = P_1 + P_1 - P_1 P_2 \dfrac{d}{n'}$　或　$\dfrac{n}{f} = \dfrac{n''}{f''} = \dfrac{n'}{f_1'} + \dfrac{n''}{f_2''} - \dfrac{n''d}{f_1' f_2''}$
$A_1 F = -f(1 - \dfrac{d}{f_2'}) = -\dfrac{n}{p}(1 - \dfrac{d}{n'} P_2)$
$A_2 F'' = f''(1 - \dfrac{d}{f_1'}) = \dfrac{n''}{p}(1 - \dfrac{d}{n'} P_1)$
$A_1 H = f\dfrac{d}{f_2'} = \dfrac{n}{p}\dfrac{d}{n'} P_2$

例題 2

取例題 1 中的厚透鏡為例，求此透鏡的(1)屈光率　(2)焦距長　(3)焦點位置　(4)主光點位置(5)若有一物位於透鏡的第一頂點 A_1 左邊 3 cm 處，求其像的位置　(6)像的放大率及性質為何？

解　先求厚透鏡兩個面的屈光率及焦距長

第一個面：

$$P_1 = \frac{n'-n}{r_1} = \frac{1.6-1}{1.5} = 0.4 \text{ cm}^{-1}$$

$$f_1 = \frac{n}{P_1} = 2.5 \text{ cm} \text{，} f_1' = \frac{n'}{P_1} = 4 \text{ cm}$$

第二個面：

$$P_2 = \frac{n''-n'}{r_2} = \frac{1.3-1.6}{-1.5} = 0.2 \text{ cm}^{-1}$$

$$f_2' = \frac{n'}{P_2} = 8 \text{ cm} \text{，} f_2'' = \frac{n''}{P_2} = 6.5 \text{ cm}$$

(1)　$P = P_1 + P_2 - \dfrac{d}{n'} P_1 P_2 = 0.4 + 0.2 - \dfrac{2}{1.6}(0.4)(0.2)$

　　　$= 0.5 \text{ cm}^{-1} = 50 \, D$

　　厚透鏡的屈光率為+50 D，因此是一個會聚透鏡。

(2) $f = \dfrac{n}{P} = \dfrac{1}{0.5} = 2$ cm

$f'' = \dfrac{n''}{P} = \dfrac{1.3}{0.5} = 2.6$ cm

(3) $\overline{A_1 F} = -\dfrac{n}{P}(1 - \dfrac{d}{n'}P_2) = -\dfrac{1}{0.5}[1 - \dfrac{2}{1.6}(0.2)] = -1.5$cm

$\overline{A_2 F''} = \dfrac{n''}{P}(1 - \dfrac{d}{n'}P_2) = \dfrac{1.3}{0.5}[1 - \dfrac{2}{1.6}(0.4)] = 1.3$cm

第一焦點在第一頂點左邊 1.5 cm 處，第二焦點在第二頂點右邊 1.3cm 處。

(4) $\overline{A_1 H} = \dfrac{n}{p}\dfrac{d}{n'}P_2 = (\dfrac{1}{0.5})(\dfrac{2}{1.6})(0.2) = 0.5$cm

$\overline{A_2 H''} = -\dfrac{n''}{p}\dfrac{d}{n'}P_1 = -(\dfrac{1.3}{0.5})(\dfrac{2}{1.6})(0.4) = -1.3$cm

第一主光點在第一頂點右邊 0.5cm 處，第二主光點在第二頂點的左邊 1.3cm 處。

(5) 物距為物與第一主光點之間的距離，所以

$\quad s = 3 + 0.5 = 3.5$ cm

代入成像公式

$$\dfrac{n}{s} + \dfrac{n''}{s''} = \dfrac{n}{f} = \dfrac{n''}{f''} = P$$

亦即

$$\dfrac{1}{3.5} + \dfrac{1.3}{s''} = 0.5$$

$\quad s'' = 6.07$ cm

成像在第二主光點右邊 6.07 cm 處，亦即在第二頂點 A_2 右方 4.77 cm。

(6) 由於透鏡兩邊的折射率 $n \neq n''$，所以我們要用(5.13)式來計算橫向放大率

$$m = -\dfrac{(s'' - f'')}{f''} = -\dfrac{(6.07 - 2.6)}{2.6} = -1.33$$

所得到的像是一個放大 1.33 倍的倒立實像。將上述計算結果畫成圖，如圖 6-9 所示。

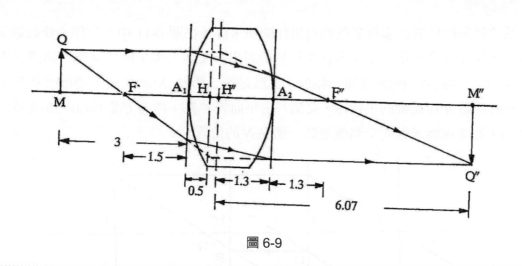

圖 6-9

6-4　節點(Nodal point)

透鏡系統除了上述的焦點和主光點外，另外還有一對具有重要物理意義的點，稱為節點。我們以圖 6-10 來說明節點的定義。

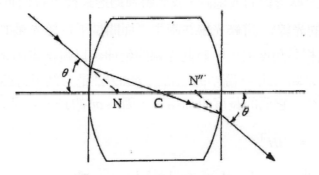

圖 6-10　厚透鏡的節點說明圖

如圖 6-10 所示，一光線以某個 θ 角入射至系統，若以相同角度從系統射出，入射和出射光線與光軸的交點分別就稱為第一節點和第二節點，用 N 及 N'' 表示。換句話說，入射方向指向第一節點的斜線，在通過透鏡後會以相同角度從第二節點延伸的方向射出，相當於我們在前面薄透鏡中提到的不偏折光線。正因為過節點的光線不產生偏折，所以稱兩個節點是一對角放大率為+1 的共軛點。然而雖然經過節點的光線不產生偏折，但會有相當程度的位移，其效果就如同光線通過一個平行玻璃平板一樣。圖 6-10 中實際的光線軌跡和光軸的交點 C，稱為系統的光學中心(optical center)。這是一個只與曲率半徑及透鏡厚度有關的點，也是唯一不會隨入射光波波長而改變位置的光點。

　　至於節點的位置在那裡？我們可由作圖法求得。在圖 6-11 中，先作一條經過第一焦點的光線(a)，遇到第一主平面後平行於軸射出，交第二焦平面於 A 點。再過 A 點作(a)光線的平行線(b)，(b)光線與光軸的交點就是第二節點 N" 的位置。過(b)光線與第二主平面的交點 B 作光軸的平行線，交第一主平面於 C 點，再過 C 點作(a)、(b)光線的平行線(c)，此光線與光軸的交點就是第一節點 N 的位置。

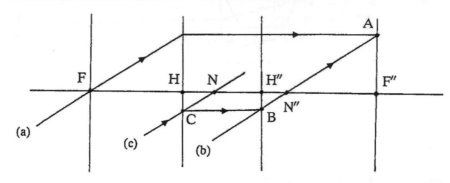

圖 6-11　節點位置作圖

　　接下來要計算出節點的位置，並討論節點和焦點以及主光點之間的關係。我們先考慮節點和主光點的關係。

　　圖 6-12 是 $\overline{MQ}$ 對厚透鏡的成像圖，我們將通過透鏡後不會偏折的光線畫出(按定義知這就是經過節點的光線)，這條光線在兩主平面間是平行於光軸的，由指向 N 點的方向入射，從 N" 點以相同角度射出。將此光線的延伸線以虛線畫出來，分別和平行於軸的光線相交於 Z 與 Z" 點。顯然，圖中的四邊形 QZQ"Z" 是一個平行四邊形，而 $\overline{NN"}$ 與 $\overline{ab}$ 皆平行於 $\overline{QZ}$ 及 $\overline{Q"Z"}$，它們的長度也都相等，因為 $\overline{ab}$ 的長度就是 $\overline{HH"}$ 的長，所以

$$\overline{NN"} \;=\; \overline{HH"} \tag{6.20}$$

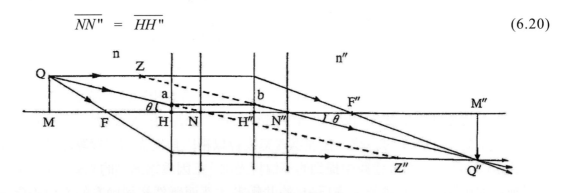

圖 6-12　厚透鏡成像作圖

在後面的討論中我們還會證明：當 $n = n''$ 時，節點與主光點會重合在一起，因此 (6.20)式必然成立。

接下來我們要先研究節點本身的性質，再來考慮節點與焦點間的關係。按照節點的定義可知，如果將一物點放置在第一節點上，那麼第二節點必是它的成像點，所以兩節點就是一對物像的共軛點，現在就來計算這對共軛點的橫向放大率。

將一物縱向放置在光軸上，物的左右兩端分別在第一主光點與第一節點上，如圖 6-13 所示。由於共軛的關係，所以像的左右兩端分別會在第二主光點與第二節點上。我們由(6.20)式的關係式又可知道，此像的縱向放大率為－1，即

$$m_L = -1 = \frac{\overline{H''N''}}{\overline{HN}} = -\frac{f''}{f} m_H m_N \tag{6.21}$$

在(6.21)式中，我們使用了第五章中縱向放大率的公式(5.17)式，其中 m_H、m_N 分別表示主光點與節點這兩對共軛點的橫向放大率。由主光點的定義又可知

$$m_H = +1$$

所以

$$m_N = \frac{f}{f''} \tag{6.22}$$

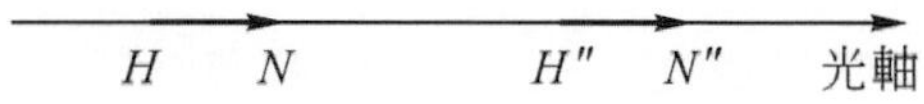

圖 6-13

由(6.22)式可知，當透鏡兩邊的環境折射率相等時 $(n = n'')$，兩焦距的長度相等，即 $f=f''$，節點的橫向放大率就與 m_H 相同，由此可知，當 $n = n''$ 時，主光點與節點將重合為一。但是如果 $n \neq n''$，那麼主光點和節點是各自分離的。且滿足(6.20)式的關係式。再回到圖 6-12 中，我們要對系統中任一對共軛點的橫向放大率做計算，由途中可以很清楚的看出來，ΔQMN 與 $\Delta Q''M''N''$ 相似，利用邊長成正比的關係就可以得到

$$m = -\frac{\overline{N''M''}}{\overline{NM}} \tag{6.23}$$

當主光點與節點重合時，(6.23)式修正為

$$m = -\frac{\overline{H''M''}}{\overline{HM}} \tag{6.23'}$$

也就是相當於薄透鏡系統中所定義的橫向放大率—像距除以物距的負值。要記住的是，當 $n \neq n''$ 時，我們是利用(6.23)式來計算橫向放大率，$\overline{N''M''}$(像距)和 $\overline{NM}$ (物距)都是從節點算起的。

最後我們要討論節點與焦點的關係，我們藉助圖 6-14 來說明。

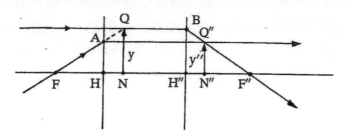

圖 6-14 厚透鏡節點與焦點的關係

將一個物體垂直於軸放在第一節點上，利用通過焦點的兩條光線作出它的成像圖，像會成在第二節點的上。利用圖中 $\Delta BH''F''$ 與 $\Delta Q''N''F''$ 相似，可得節點的橫向放大率為

$$m_N = \frac{\overline{N''F''}}{\overline{H''F''}} \tag{6.24}$$

或利用 ΔQNF 與 ΔAHF 相似，也可得到

$$m_N = \frac{\overline{HF}}{\overline{NF}} \tag{6.25}$$

比較(6.24)式、(6.25)式和(6.22)式可得

$$\overline{N''F''} = \overline{HF} = f \tag{6.26}$$

$$\overline{NF} = \overline{H''F''} = f'' \tag{6.27}$$

利用圖 6-14，我們可以更進一步的將節點確實的位置計算出來。

$$\overline{HN} = \overline{FN} - \overline{FH} = \overline{FN} - f = f'' - f \tag{6.28}$$

$\overline{H''N''}$ 的長度也是 $f'' - f$，我們也可寫成另一種形式

$$\overline{HN} = \overline{H''N''} = f(\frac{n''}{n} - 1) = f''(1 - \frac{n}{n''}) \tag{6.29}$$

(6.29)式是以主光點為參考點，可求出節點與主光點之間相距的長度及相對位置。若計算值為正，表示由參考點向右量取(即 N、N'' 分別在 H、H'' 之右邊)；若計算值為負，則由參考點向左量取(即 N、N'' 分別在 H、H'' 之左邊)。

若是選取透鏡的頂點為參考點，算式可以寫成

$$\overline{A_1N} = \overline{A_1H} + \overline{HN} = f(\frac{d}{f'_2} + \frac{n''-n}{n''}) \tag{6.30}$$

$$\overline{A_2N''} = \overline{A_2H''} + \overline{H''N''} = -f''(\frac{d}{f'_2} - \frac{n''-n}{n''}) \tag{6.31}$$

量取的方式亦如同前面所述：向右量為正號，向左量為負號。

例題 3 ···●

再以例題 1 的厚透鏡系統為例，(1)求系統節點的位置　(2)一個物體置於第一頂點前 3 cm 處，用(6.23)式求橫向放大率。

解　在例題 2 中已求得：$f = 2$ cm，　$f'' = 2.6$ cm，　　$f_1' = 4$ cm，　　$f_2' = 8$ cm

(1)　利用(6.30)式與(6.31)式可以求得

$$\overline{A_1N} = f(\frac{d}{f'_2} + \frac{n''-n}{n''}) = 1.1 \text{ cm}$$

$$\overline{A_2N''} = -f(\frac{d}{f'_2} - \frac{n''-n}{n''}) = -0.7 \text{ cm}$$

由計算可知，第一節點在第一頂點右邊 1.1 cm 處，第二節點在第二頂點左邊 0.7 cm 處。(讀者可以比較節點、主光點與焦點之間的關係是否合乎理論的推測)

(2)　在例題 2 中已計算出位於頂點前 3 cm 處的物體，其成像位置在第二主光點右邊 6.07 cm。將系統的各個點之間的關係畫出如下圖所示

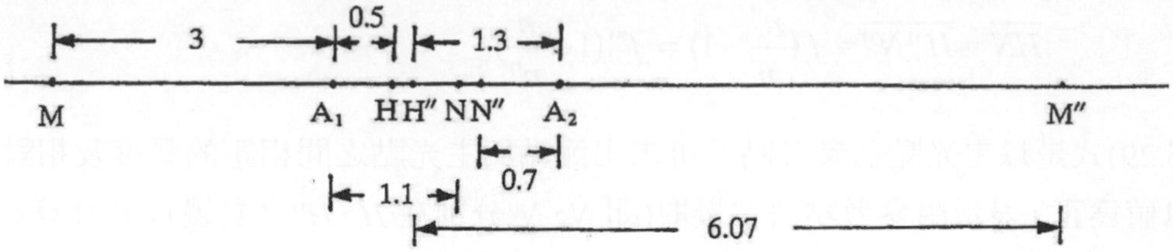

圖 6-15

由圖中之標示可知

$$\overline{MN} = 3 + 1.1 = 4.1 \text{ cm}$$

$$\overline{M''N''} = 6.07 - 1.3 + 0.7 = 5.47 \text{ cm}$$

故

$$m = -\frac{\overline{M''N''}}{\overline{MN}} = -\frac{5.47}{4.1} = -1.334$$

此處求得的橫向放大率與例題 2 中之(6)的答案相符合。

6-5　測節器(Nodal slide)

　　在這節中我們要介紹一種測量節點的裝置，稱為測節器。雖然節點的位置在透鏡系統中並不是特別的重要，然而在 $n = n''$ 的條件下(大多數光學系統都滿足的條件)，節點的位置就是主光點的位置，所以我們對於尋找節點的位置就特別的有興趣。

　　測節器所用的原理非常簡單，就是利用前面所提到的：通過節點的光線在經過透鏡後，出射光的行進方向與原入射光方向相同，不會有偏向的現象。參看圖 6-16，一束平行於光軸的平行光入射至待測透鏡，通過系統後會會聚在第二焦點 F'' 上。若入射光束維持方向不變，以光軸上的任意一點當轉動軸旋轉透鏡，平行光束的會聚點會上下移動。唯有當轉動軸是通過第二節點時，無論透鏡怎麼旋轉光束仍然會會聚在 F'' 點，不會上下移動。若將透鏡的左右反轉過來 180°，用相同的方法可以決定出第一節點的位置。

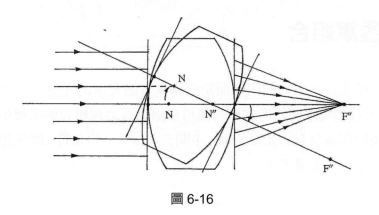

圖 6-16

6-6　基點(Cardinal points)

　　光學系統中三對重要的共軛點—主光點、焦點和節點，我們合稱為系統的基點。它們在系統中的位置會因著曲率半徑、折射率和厚度之不同而有所不同，這六個點決定了系統成像的基本性質。除了上述的三對基點外，系統另外還有幾個特定的點，只是它們的地位遠不如基點來的重要。

1.　負主光點(negative principal points)

　　　　主光點是橫向放大率為+1 的一對共軛點，所以我們定義橫向放大率為−1 的一對共軛點為負主光點。在 $n=n''$ 的透鏡系統中，這一對共軛點恰好在兩倍焦距的地方。

2.　負節點(negative nodal point)

　　　　我們定義角放大率為−1 的共軛點為負節點，以對應於角放大率為+1 的節點。負節點的位置可參考圖 6-17，用符號 N^{-1} 表示，節點與負節點恰好對稱的分佈在焦點兩邊。

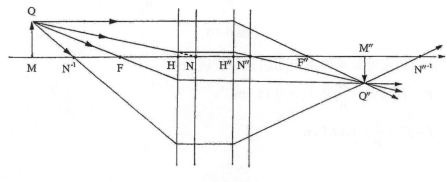

圖 6-17

6-7 厚透鏡組合

　　對厚透鏡系統來說，它的的兩個面是兩個具有屈光率的元件，兩個面之間夾著折射率 n' 的介質。我們可以將相同的概念應用在兩個薄透鏡組合的系統中：兩個薄透鏡就相當於厚透鏡的兩個具有屈光率的面，中間夾著 $n' = 1$ 的介質，因此也就可以把兩個薄透鏡組合視為厚透鏡來處理了。

例題 4 ⋯⋯⋯⋯⋯⋯⋯⋯⋯⋯⋯⋯⋯⋯⋯⋯⋯⋯⋯⋯⋯⋯⋯⋯⋯⋯⋯⋯⋯⋯⋯⋯●

　　焦距大小同為 10 cm 的凸薄透鏡與凹薄透鏡置於空氣中，兩透鏡同軸，凸透鏡在凹透鏡的左邊，相距 15 cm。凸透鏡左側 20 cm 處放置一物體，物高 2 cm。求 (1)系統的屈光率及焦距長 (2)系統基點的位置 (3)像的位置及像的性質

解 先求薄透鏡的屈光率

凸薄透鏡：

$$P_1 = \frac{1}{10} = 0.1 \text{ cm}^{-1}, \quad f_1 = f_1' = 10 \text{ cm}$$

凹薄透鏡：

$$P_2 = -\frac{1}{10} = -0.1 \text{ cm}^{-1}, \quad f_2' = f_2'' = -10 \text{ cm}$$

將已知條件畫出如下：

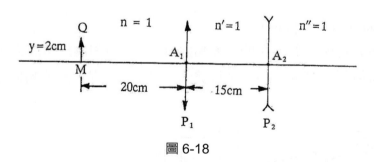

圖 6-18

(1) 由(6.19)式可以求得系統的屈光率及焦距長

$$P = P_1 + P_2 - \frac{d}{n'} P_1 P_2 = 0.15 \text{ cm}^{-1}$$

$$f = f'' = \frac{1}{P} = 6.667 \text{ cm}$$

(2)　各基點的位置為

$$A_1 F = -\frac{n}{p}(1-\frac{d}{n'}P_2) = -16.667 \text{ cm}$$

$$A_2 F'' = \frac{n''}{p}(1-\frac{d}{n'}P_2) = -3.333 \text{ cm}$$

第一焦點在凸薄透鏡左邊 16.667 cm 處，第二焦點在凹透鏡左邊 3.33 cm 處。

$$A_1 H = \frac{n}{P}\frac{d}{n'}P_2 = -10 \text{ cm}$$

$$A_2 H'' = -\frac{n''}{P}\frac{d}{n'}P_1 = -10 \text{ cm}$$

第一主光點在凸薄透鏡左邊 10 cm 處，第二主光點在凹薄透鏡左邊 10 cm 處。

$$A_1 N = f(\frac{d}{f'_2}+\frac{n''-n}{n}) = -10 \text{ cm}$$

$$A_2 N'' = -f''(\frac{d}{f'_1}-\frac{n''-n}{n''}) = 10 \text{ cm}$$

由上面的計算可知節點與主光點重合，符合我們的預期(因為 $n = n''$)。

兩薄透鏡組合系統的等效系統如下：

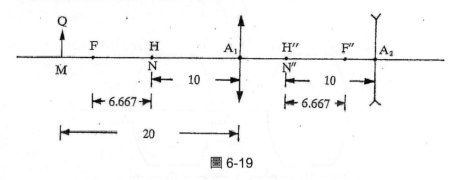

圖 6-19

(3)　物在凸薄透鏡前 20 cm 處，所以

$$s = \overline{MH} = 2010 = 10 \text{ cm}$$

再由

$$\frac{n}{s}+\frac{n''}{s''} = \frac{n}{f} = \frac{n''}{f''} = P$$

可得

$$s'' = 20 \text{ cm}$$

s''為 H''到像點的距離，這表示成像在第二主光點右邊 20 cm，也就是在凹薄透鏡右邊 10 cm 處。因為 $n = n''$，所以

$$m = -\frac{s''}{s} = -\frac{20}{10} = -2$$

$$y' = y \times m = 2 \times (-2) = -4 \text{ cm}$$

所成之像為高 4 cm 的倒立放大實像，與第 5 章【例 5】的結果一樣。

上面的例題證明了兩個薄透鏡系統可以等效於一個厚透鏡系統，同理，多個薄透鏡所組成的系統也可以一個一個的處理，最後等效於一個厚透鏡系統。要注意的是，距離的計算都必須以主光點為參考點。相同的概念還可以應用在由多個厚透鏡組成的光學系統—將整個系統等效於一個厚透鏡系統，以下就舉一個例子來做說明。

例題 5

兩個完全相同的厚透鏡同軸放置，透鏡的兩個面的曲率半徑為 $r_1 = 5.2$ cm，$r_2 = -5.2$ cm，折射率為 1.68，厚度為 3.5 cm，兩透鏡之間相距 3 cm，求系統的(1)屈光率及焦距 (2)基點位置。

解 設第一透鏡為 L_1，第二透鏡為 L_2, 系統圖及已知條件如下：

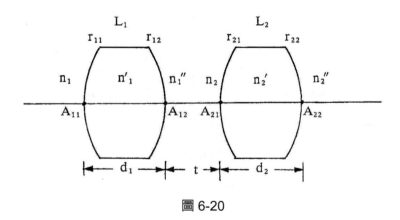

圖 6-20

$r_{11} = r_{21} = 5.2$ cm ，　　$r_{12} = r_{22} = -5.2$ cm

$n_1' = n_2' = 1.68$ ，　　$n_1 = n_1'' = n_2 = n_2'' = 1$

$d_1 = d_2 = 3.5$ cm ，　　$t = 3$ cm

先計算第一個厚透鏡的屈光率及基點位置

$$P_{11} = \frac{n_1' - n_1}{r_{11}} = 0.13 \text{ cm}^{-1}$$

$$P_{12} = \frac{n_1{''} - n_1{'}}{r_{12}} = 0.13 \text{ cm}^{-1}$$

第一厚透鏡的屈光率為

$$P_1 = P_{11} + P_{12} - \frac{d_1}{n_1{'}} P_{11} P_{12} = 0.225 \text{ cm}^{-1}$$

基點位置為

$$A_{11}H_1 = \frac{n_1 d_1}{P_1 \, n_1{'}} P_{12} = 1.204 \text{ cm}$$

$$A_{12}H{''}_1 = \frac{n_1{'} d_1}{P_1 \, n_1{'}} P_{11} = 1 = -1.204 \text{ cm}$$

$$A_{11}F_1 = -\frac{n_1}{P_1}(1 - \frac{d_1}{n_1{'}} P_{12}) = -3.24 \text{ cm}$$

$$A_{12}F_1{''} = -\frac{n_1{''}}{P_2}(1 - \frac{d_1}{n_1{'}} P_{11}) = 3.24 \text{ cm}$$

因為第二透鏡是完全相同透鏡，所以

$$P_2 = 0.225 \text{ cm}^{-1}$$

$$A_{21}H_2 = 1.204 \text{ cm} \, , \, A_{22}H_2{''} = -1.204 \text{ cm}$$

$$A_{21}F_2 = -3.24 \text{ cm} \, , \, A_{22}F_2{''} = 3.24 \text{ cm}$$

重新畫圖如下

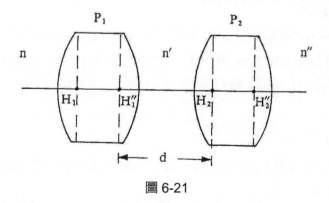

圖 6-21

要計算上述兩個厚透鏡組成的等效系統時，可分別將第一、第二厚透鏡看成是兩個具有 P_1、P_2 屈光率的元件，整個系統的頂點分別為 H_1 和 $H_2{''}$，兩個元件之間的厚度為 $\overline{H_1{''}H_2}$，折射率為各個物理量的數據如下

$$P_1 = P_1 = 0.225 \text{ cm}^{-1}$$

$$d = 1.204 + 1.204 + 3 = 5.408 \text{ cm}$$

$$n = n' = n'' = 1$$

所以等效系統的屈光率和焦距爲

$$P = P_1 + P_1 \quad \frac{d}{n'} P_1\,P_2 = 0.176 \text{ cm}^{-1}$$

$$f = f'' = \frac{1}{P} = 5.674 \text{ cm}$$

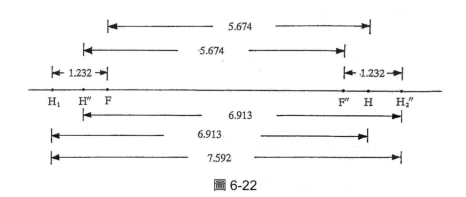

圖 6-22

上面的數據可以用來求整個系統的各個基點位置。因爲 $n = n'' = 1$，所以主光點與節點重合，位於

$$A_1 H = \frac{n}{P} \frac{d}{n'} P_2 = 6.913 \text{ cm}$$

$$A_2 H'' = -\frac{n''}{P} \frac{d}{n'} P_1 = -6.913 \text{ cm}$$

本例中的 H_1 與 H_2'' 就相當於上面式子中的 A_1 與 A_2，這表示整個系統的第一主光點(節點)在 H_1 點右邊 6.913 cm 處，第二主光點(節點)在 H_2'' 左邊 6.913 cm 處。

$$A_1 F = -\frac{n}{p}(1 - \frac{d}{n'} P_2) = 1.232$$

$$A_2 F'' = -\frac{n''}{p}(1 - \frac{d}{n'} P_1) = -1.232$$

第一焦點在 H_1 點右邊 1.232 cm 處，第二焦點在 H_2'' 點左邊 1.232 公分處。等效系統如圖 6-22 所示。

Chapter **7**

球面鏡

7-1 概述

　　透鏡成像系統所應用的基本原理是折射定律，以 Snell 定律為計算的基礎($n\sin\theta_i = n'\sin\theta_t$)。因折射率為波長的函數，不同波長的入射光會造成不同的折射角，所以使得在成像時產生了色像差(chromatic aberration)。在這一章中，我們將討論另一種成像系統—球面鏡(Spherical mirror)系統，面鏡成像應用的基本原理是反射定律，是以反射角等於入射角($\theta_i = \theta_r$)為計算的依據。入射光與反射光都在同一個介質中，沒有折射率的變化，因而也就沒有色像差的麻煩。面鏡雖有無色像差的這項優點，但站在另一個角度來看卻也是它的缺點，正因為面鏡不會產生色像差，所以也無法在系統中消除由其它非面鏡元件所產生的色像差，因此在實際的應用上仍然不像透鏡這麼的廣泛。

　　球面鏡的光軸為曲率中心 O 與頂點 A 的連線。若球面的曲率半徑 r 為負，則稱此球面鏡為凹面鏡(concave mirror)，如圖 7-1(a)；若 r 為正，則稱為凸面鏡(convex mirror)，如圖 7-1(b)所示。

　　球面鏡的焦點定義和透鏡系統相同，我們用圖 7-1 來說明。若平行於軸的光線入射至球面鏡之 B 點上，$\overline{OB}$ 即為 B 點切平面的法線，光線依反射定律反射後和光軸交於 F 點，此即為球面鏡的第二焦點。

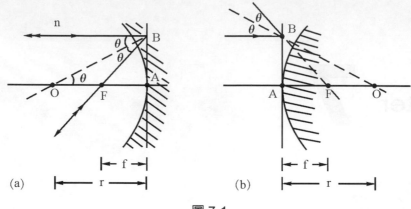

圖 7-1

　　根據光具有可逆性的特性，因此通過 F 點的光線反射後會平行於光軸射出，因此對球面鏡系統而言，第一焦點與第二焦點重合在 F 的位置上。兩個主光點也是重合為一個點，位於球面鏡的頂點 A 上，因此 $\overline{AF}$ 即為球面鏡的焦距長。因為凹面鏡為會聚系統，故 f 的符號為正；凸面鏡為發散系統，所以 f 為負值。至於 f 的長度，我們可利用 7-1(a)圖來計算。因為

$$\angle BOA = \theta$$

這表示 ΔOFB 為等腰三角形，所以

$$\overline{OF} = \overline{FB}$$

在近軸的條件下

$$\overline{FB} \approx \overline{FA}$$

所以

$$|f| = \frac{|r|}{2} \tag{7.1}$$

　　(7.1)式說明了焦距和曲率半徑在長度上的關係，若再把符號的因素考慮進去，則可以寫成

$$f = -\frac{r}{2} \tag{7.2}$$

7-2　球面鏡成像

　　平行光線繪圖法可以用來求軸外物點對凹面鏡的成像情形，如圖 7-2 所示。利用通過焦點的兩條光線就已經可以決定出像 $\overline{M'Q'}$ 了。另外還有一條光線可供利用，那就是通過曲率中心 O 的光線，因為入射角和反射角都為 0°，所以光線經球面鏡反射後，就會沿著入射光線的路徑返回物點 Q，同時也會通過像點 Q'。上述的三條光線中只需要任取兩條就可以用來求像。

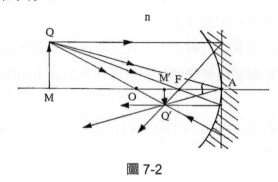

圖 7-2

　　將物體 $\overline{MQ}$ 由無限遠處開始往凹面鏡的頂點移動，所成的像可區分為以下幾類：

1. 物在無限遠處，成像在焦點上。
2. 物在無限遠與曲率中心之間，則像在曲率中心與焦點之間，是一個倒立縮小的實像。
3. 物移到曲率中心上，則在同一個位置上會有一個大小相同的倒立實像。
4. 將物再往右移至曲率中心和焦點間，成像位置會在曲率中心和無限遠之間，為一個倒立放大的實像。
5. 物的位置位於焦點與頂點之間，像會成在凹面鏡的右邊，是一個放大的正立虛像。

　　圖 7-3 顯示的是物體 $\overline{MQ}$ 對凸面鏡的成像，用平行線繪圖法求得像 $\overline{M'Q'}$。對凸面鏡來說，無論實物放在什麼位置上，都會產生一個在凸面鏡右邊的縮小正立虛像。

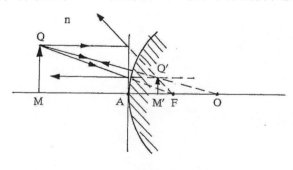

圖 7-3

　　我們由以上球面鏡的成像分析可以發現，它和薄透鏡系統的成像結果類似，因為球面鏡球心的位置就相當於透鏡的兩倍焦距的位置。凸球面鏡的成像性質就相當於發散透鏡的成像性質(兩者的 P 值都為負值)；凹球面鏡的成像性質就相當於會聚透鏡的成像性質(兩者的 P 值都為正值)。

　　由於球面鏡與單一球面系統相當類似，兩者都是具有屈光率的球面，所以單一球面系統的成像公式理應可以直接應用在球面鏡上。不過因為光線入射至球面鏡後是反射回同一介質中，而光線入射至單一球面系統後是折射到另一個一介質中，所以公式中的物理量之符號規則需要做兩點修正：

1. 光線反射後所遇到的介質之折射率，在代入成像公式時要改變符號。
2. 光線反射後所量的距離值需要改變符號後再代入公式中使用。

　　除了以上所提的兩點之外，公式中其它的物理量仍然使用前面所訂的符號規則即可。單一球面的成像公式為

$$\frac{n}{s}+\frac{n'}{s'}=\frac{n'-n}{r}$$

　　對球面鏡而言，n' 與 n 為同一個介質，都是球面鏡所在的環境的介質折射率，且 n' 為光線反射後所遇的介質折射率，所以

$$n'=-n$$

代入球面的成像公式中可得

$$\frac{n}{s}+\frac{-n}{s'}=\frac{-n-n}{r}$$

$$\frac{1}{s}-\frac{1}{s'}=\frac{-2}{r}=\frac{1}{f} \tag{7.3}$$

(7.3)式中等號的右邊為球面鏡的屈光率。對於球面鏡橫向放大率的計算，可參考圖 7-2。在圖 7-2 中，$\Delta QMA \sim \Delta Q'M'A$，所以

$$m = \frac{y'}{y} = -\frac{\overline{M'A'}}{\overline{MA}} = -\frac{s'}{s} \tag{7.4}$$

應用(7.4)式時要注意，像距是光線反射後所量的距離，因此帶入上式時要改變 s' 的符號。

例題 1

高 5 cm 之物體放置在凸面鏡左邊 50 cm，面鏡的曲率半徑為 40 cm，求(1)凸面鏡的焦距 (2)像的位置及性質。

解　(1)　對凸面鏡而言 $r = +40$ cm，所以焦距為

$$f = -\frac{r}{2} = -20 \text{ cm}$$

(2)　$$\frac{1}{s} - \frac{1}{s'} = \frac{1}{-20}$$

$$s' = 14.286 \text{ cm}$$

成像位置在面鏡的右邊，亦即頂點右邊 14.286 cm 處。

$$m = -\frac{s'}{s} = -\frac{(-14.286)}{50} = 0.286$$

因 s' 為反射後所量的距離，因此上式中的改變了符號變成−14.286 cm 後才代入公式中。像高為

$$y' = m \times y = 0.286 \times 5 = 1.430 \text{ cm}$$

所成的像是一個正立縮小的虛像，像高 1.430 cm。

例題 2

每邊長 1 cm 的正方形,其中心點放在焦距為 30 cm 的凹面鏡左邊 80 cm 處,求其成像的位置及形狀?

解

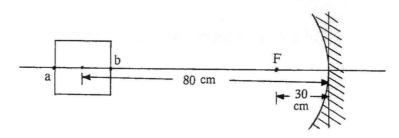

圖 7-4

求 a 點的成像位置:

$$\frac{1}{80.5} - \frac{1}{s'_a} = \frac{1}{30}$$

$$s'_a = -47.82 \text{ cm}$$

橫向放大率為

$$m_a = -\frac{s'_a}{s_a} = -\frac{47.82}{80.50} = -0.59$$

求 b 點的成像位置:

$$\frac{1}{79.5} - \frac{1}{s'_b} = \frac{1}{30}$$

$$s'_b = -48.18 \text{ cm}$$

橫向放大率為

$$m_b = -\frac{s'_b}{s_b} = -\frac{48.18}{79.50} = -0.61$$

將計算的結果畫成圖,如圖 7-5 所示。

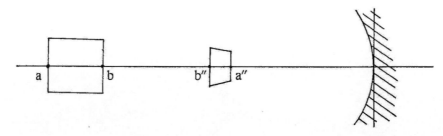

圖 7-5

由計算可知，正方形所成的像為一個梯形，b 點的成像位置在鏡左邊 48.18 cm 處，此處像的邊長為 0.61 cm；而 a 點的成像位置在鏡左邊 47.82 cm 處，此處像的邊長是 0.59 cm，而在軸方向上的像長 $\overline{b'a'}$ 為 0.36 cm。

7-3　厚反射鏡系統

球面鏡與透鏡組合的系統，稱之為厚反射鏡系統(thick mirror)。厚反射鏡基本的形式有兩種，一是利用薄透鏡與球面鏡的組合，如圖 7-6 之(a)和(c)；另一種是厚透鏡與球面鏡的組合，如圖 7-6(b)。在厚反射鏡系統中，由於光反射的緣故，所以系統的焦點與主光點都只有一個，以下是我們以繪圖法所得到的 F 與 H。

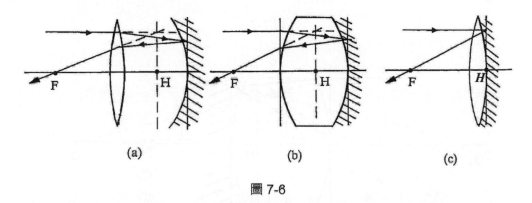

圖 7-6

圖 7-7 是薄透鏡與球面鏡組成的厚反射鏡。設薄透鏡的兩個焦點為 F_1 與 F_1''，主光點為 H_1 與 H_1''，球面鏡的焦點和主光點分別為 F_2 與 H_2。以一條平行於軸的光線(稱為光線 1)入射至系統，光線 1 經薄透鏡後折往 F_1''，稱為光線 2，再過 F_2 作平行於光線 2 的輔助線—光線 3。因光線 3 通過 F_2，所以經球面鏡反射後平行於軸射出，它與面鏡焦平面的交點也就是光線 2 經反射後的方向，因此畫出光線 4。光線 4 經薄透鏡後的折射方向可由斜線作圖法來決定，即過 H_1 作光線 4 的平行線(光線 5)，光線 5 與 F_1 焦平面的交點就決定了光線通過整個系統後的最後方向—光線 6。光線 6 和光軸的交點就是此厚反射鏡的焦點 F，而光線 6 和光線 1 延伸線的交會點決定了厚反射鏡的主光點 H 和主平面。

除了圖 7-7 的繪圖法之外，我們也可以利用作圖法決定 F 及 H 的位置。圖 7-8 是厚透鏡和球面鏡組成的厚反射鏡系統，應用第 2 章第 5 節所講的作圖方法，依圖中標示 1、2、3……的順序就可找到系統的 F 及 H 了。

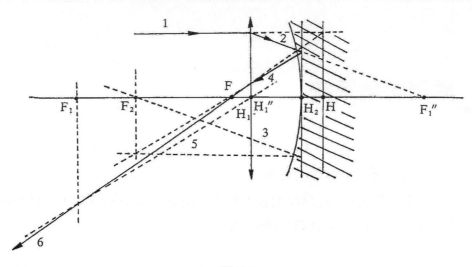

圖 7-7

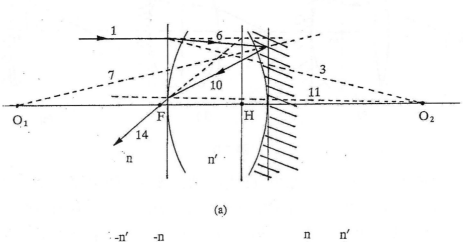

(a)

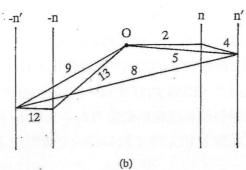

(b)

圖 7-8

厚反射鏡的焦點和主光點的位置，可以利用下面的公式求得：

$$P = (1 - \frac{d}{n'}P_1)(2P_1 + P_2 - \frac{d}{n'}P_1P_2) \tag{7.5}$$

$$H_1H = \frac{\dfrac{d}{n'}}{1 - (\dfrac{d}{n'})P_1} \tag{7.6}$$

在(7.5)式與(7.6)式中，P 為厚反射鏡的屈光率，H 是厚反射鏡的主光點。基本上厚反射鏡可以視為是兩個具有屈光率的元件所組成的，P_1 與 P_2 分別是指兩元件屈光率之值，d 為兩元件之間的距離，n' 為兩元件之間環境的折射率，H_1 則是第一個元件的第一主光點。

例題 3

一個厚反射鏡由相距 10 cm 的雙凸薄透鏡和凹面鏡組成，透鏡在面鏡的左邊。薄透鏡的曲率半徑是 50 cm，折射率為 1.5，凹面鏡的曲率半徑也是 50 cm。求此厚反射鏡的焦點及主光點位置。

解 $d = 10$ cm，$n' = 1$

$P_1 = \dfrac{1.5-1}{50} + \dfrac{1-1.5}{-50} = 0.02$ (cm^{-1})，$P_2 = -\dfrac{2}{r} = -\dfrac{2}{-50} = 0.04$ (cm^{-1})

$P = (1 - \dfrac{10}{1} \times 0.02)(2 \times 0.02 + 0.04 - \dfrac{10}{1}(0.02)(0.04))$

$\quad = 0.0576$ (cm^{-1}) = 5.76 D

因為

$$P = \frac{1}{f}$$

所以

$$f = \frac{1}{P} = 17.36 \text{ cm}$$

$$H_1H = \frac{\dfrac{d}{n'}}{1 - (\dfrac{d}{n'})P_1} = \frac{\dfrac{10}{1}}{1 - \dfrac{10}{1}(0.02)} = 12.5 \text{ cm}$$

由計算可知主光點 H 在薄透鏡中心點的右邊 12.5 cm，而焦點在主光點左邊 17.36 cm 處，如圖 7-9 所示。

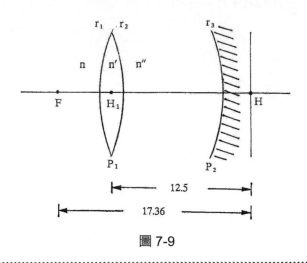

圖 7-9

例題 4

　　一個 4.5 cm 厚的透鏡，折射率是 1.72，兩個面的曲率半徑分別為 $r_1 = -6$ cm，$r_2 = -12$ cm。假如在第二面上鍍銀，求此系統的焦點及主光點位置。

解　解法 1：

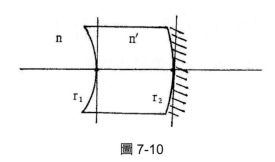

圖 7-10

將厚透鏡及球面鏡分別看做是兩個具有屈光率的元件，則對厚透鏡而言

$$P_1 = \frac{1.72-1}{-6} = -0.12 , \quad P_2 = \frac{1-1.72}{-12} = 0.06$$

$$P = P_1 + P_2 - \frac{d}{n'}P_1P_2 = (-0.12) + 0.06 - \frac{4.5}{1.72}(-0.12)(0.06)$$

$$= -0.04 \ \text{cm}^{-1}$$

$$A_1H_1 = \frac{n}{P}\frac{d}{n'}P_2 = -3.828 \ \text{cm} , \quad A_2H_1'' = -\frac{n''}{P}\frac{d}{n'}P_1 = -7.657 \ \text{cm}$$

對球面鏡來說：

$$P_2 = \frac{-2}{r} = \frac{-2}{-12} = 0.1667 \text{ cm}^{-1}$$

由上面的計算結果，我們可將系統畫為圖 7-11。

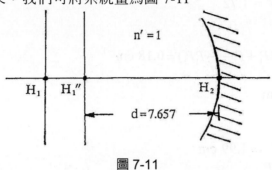

圖 7-11

對厚反射鏡來說：

$$P_1 = -0.04 \text{，} P_2 = 0.1667 \text{，} d = \overline{H''_1 H_2} = 7.657 \text{，} n' = 1$$

故

$$P = (1 - \frac{d}{n'} P_1)(2P_1 + P_2 - \frac{d}{n'} P_1 P_2) = 0.18 \text{ cm}^{-1}$$

$$H_1 H = \frac{\dfrac{d}{n'}}{1 - (\dfrac{d}{n'}) P_1} = 5.827 \text{ cm}$$

$$f = \frac{1}{P} = 5.55 \text{ cm}$$

系統主光點在厚透鏡第一主光點右邊 5.827 cm，焦點在主光點左邊 5.55 cm。

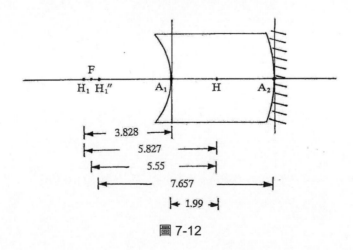

圖 7-12

解法 2：將厚透鏡的兩個表面分別看作是兩個具有屈光率的元件，故

$$P_1 = \frac{n'-n}{r_1} = \frac{1.72-1}{-6} = -0.12 \text{，} P_2 = -\frac{2n}{r} = -\frac{2 \times 1.72}{-12} = 0.287$$

$$d = 4.5 \text{ cm，} n' = 1.72$$

故

$$P = (1-\frac{d}{n'}P_1)(2P_1 + P_2 - \frac{d}{n'}P_1P_2) = 0.18 \text{ cm}^{-1}$$

$$f = \frac{1}{P} = 5.55 \text{ cm}$$

$$H_1H = \frac{\dfrac{d}{n'}}{1-(\dfrac{d}{n'})P_1} = 1.99 \text{ cm}$$

主光點在第一個表面頂點 A_1 右邊 1.99 cm 處，而焦點位於主光點左邊 5.55 cm 處。
(參考圖 7-12)

Chapter 8

像差

8-1 概述

前面章節中我們所討論的光學理論，完全沒有考慮到物理光學(physical optics)的繞射(diffraction)影響，而且是近軸光線的高斯光學結果，因此所成的像都是理想像點。然而在一個實際的光學系統中，為了亮度、視場等的要求，光線並非都是近軸的軌跡，因此所成的像和理想像點會略有出入，這種差異的現象或成像的缺陷就稱為像差(aberration)。

一個成像系統像差的產生有三種原因，一為繞射的影響，再者為元件製造生產時的公差(tolerance)要求，三為真實光線傳播與理想幾何光學推演的誤差結果。在這一章中我們只針對第三項原因加以簡述，也就是理想幾何光學在成像系統所造成之像差討論。光線在光學系統中行進結果之所以會產生像差是折射作用造成的，我們可從正弦函數的泰勒展開式(Taylor series)來說明

$$\sin\theta = \theta - \frac{\theta^3}{3!} + \frac{\theta^5}{5!} - \frac{\theta^7}{7!} + \cdots\cdots \tag{8.1}$$

當 θ 是小角度時，(8.1)式是一個快速收斂的級數，它的每一項都比前一項小很多，所以 sine 函數值就可以忽略第一項以後的所有值，即

$$\sin\theta \simeq \theta \tag{8.2}$$

滿足(8.2)式的光線就是高斯光學的近軸光線，又稱為第一階光學理論(first order theory)。對大多數真實光線的計算來說，它的角度往往不屬於小角度的範圍，所以 sine 函數值的高階部份不能忽略，在像差理論中，若取展開式的前面兩項($\sin\theta = \theta - \frac{\theta^3}{3!}$)，稱為三階光學理論(third order theory)，取前面三項($\sin\theta = \theta - \frac{\theta^3}{3!} + \frac{\theta^5}{5!}$)，則稱為五階光學理論(fifth order theory)，品質要求越高的成像系統，所討論的階數也越多。

賽德(Van Seidel)在 1856 年首先提出賽德像差的理論。他用 $S_1 \sim S_5$ 來表示單色光的 5 種像差，S_1：球差(spherical aberration)，S_2：慧差(coma aberration)，S_3：像散(astigmatism)，S_4：場曲(curvature of field)，S_5：畸變(distortion)。此外，又用 S_6 和 S_7 分別表示二個色像差(chromatic aberration)，S_6：軸向色像差(axial chromatic aberration)，S_7：橫向色像差(lateral chromatic aberration)。要求一個成像系統的像差都不出現(也就是像差值都為零)是不可能的，通常是根據系統的要求，考慮相關主要像差，而忽略其它的像差。

8-2　球面像差(Spherical Aberration)

球差是指軸上物點發出的光線以不同高度入射至系統，通過系統後卻無法會聚成一像點的差異現象。球差值會隨物點的位置而改變，通常我們取平行於軸的光線(即無限遠的軸上物點)入射至系統的結果定為球差主值。

圖 8-1 中，F"是高斯光學的焦點，F_y"是由系統邊緣部份射入的光學聚焦點，若 F_y" 離透鏡較 F"近，如圖示情形，稱為正球差，F_y"離透鏡較較 F"遠的球差稱為負球差。$\overline{F_y"F"}$ 的距離稱為縱向球差(longitudinal spherical aberration；簡稱 Long SA)。高斯焦平面不再只是一聚焦點，因球差的關係光束形成一個亮圓斑點，亮圓斑點的半徑稱為橫向球差(lateral spherical aberration；簡稱 Lat. SA)。此外，由會聚光束的包跡可定出焦散線(caustic)，而焦散線的最小半徑處稱為最小彌散圓(circle of the least confusion)，此位置可視為系統的最佳聚焦位置或最好的成像點。

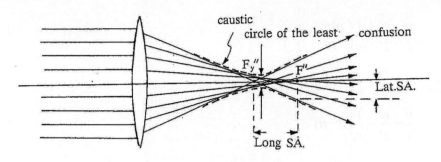

圖 8-1　球面像差圖示

下面我們用最簡單的系統——單一球面，來說明球差的情形。

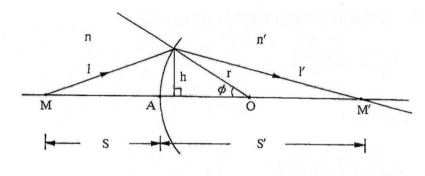

圖 8-2

物點 M 發出一條在球面上 h 高的光線，比光線由 M 到像點 M' 的光程為

$$\text{O.P.} = nl + n'l' \tag{8.3}$$

利用餘弦定理

$$l = \sqrt{r^2 + (s+r)^2 - 2r(s+r)\cos\phi} \tag{8.4}$$

$$l' = \sqrt{r^2 + (s'-r)^2 + 2r(s'+r)\cos\phi} \tag{8.5}$$

式中 r 為球面曲率半徑，s、s' 分別為物距與像距。由 Fermat 定理知光程必須滿足極值的條件

$$\frac{d}{d\phi}(\text{O.P.}) = 0 \tag{8.6}$$

得

$$\frac{n}{l} + \frac{n'}{l'} = \frac{1}{r}\left(\frac{n's'}{l'} - \frac{ns}{l}\right) \tag{8.7}$$

在高斯光學時，$l \simeq s$，$l' \simeq s'$，所以(8.7)式為

$$\frac{n}{s} + \frac{n'}{s'} = \frac{1}{r}(n'-n) \tag{8.8}$$

比較(8.7)式與(8.8)式，兩者的差異即表示出單一球面系統的球差值。又由上兩式可知球差的大小與物所在位置有關。若試著分析球差值的變化，將可發現在某特殊位置上的成像，將完全不具有球差，這一對無球差的共軛點，稱為不暈點(aplanatic points)。不暈點的位置，我們可由下面的計算得到，由(8.7)式知

$$\frac{n(s+r)}{l} = \frac{n'(s'-r)}{l'} \tag{8.9}$$

取(8.9)式的倒數再平方

$$\frac{l^2}{n^2(s+r)^2} = \frac{l'^2}{n'^2(s'-r)^2} \tag{8.10}$$

利用(8.4)、(8.5)式可得

$$\frac{r^2 + (s+r)^2}{n^2(s+r)^2} - \frac{2r\cos\phi}{n^2(s^r+r)^2} = \frac{r^2 + (s'+r)^2}{n'^2(s'-r)^2} + \frac{2r\cos\phi}{n'^2(s'-r)} \tag{8.11}$$

假設物點 M 發出的光線與角度 ϕ 無關，則上式滿足

$$-n^2(s+r) = n'^2(s'-r) \tag{8.12}$$

再利用(8.12)式與(8.8)式聯立解，可得

$$\begin{cases} s = -r\left(1 + \dfrac{n'}{n}\right) & \tag{8.13} \\[2mm] s' = -r\left(1 + \dfrac{n}{n'}\right) & \tag{8.14} \end{cases}$$

(8.13)、(8.14)式即是不暈點的物、像位置，從(8.13)式可知這是一個虛物點，此物點所成的像無球差值。系統也僅只有這一對的不暈點，若運用得當，將可提高成像品質。

　　對一成像系統而言，要想完全消除大孔徑透鏡的球差是不可能的，但是我們可以利用下面的方法使透鏡的球差減到最小。

1.　使到達透鏡第一面的光線角度與離開第二面的角度差不多相等。拿平凸透鏡系統為例，以凸面對著物點時的球差就比以平面對著物點的球差值來的小。

2.　選擇適當的透鏡形狀，可使透鏡的球差最小。以空氣中的薄透鏡來說，透鏡的屈光率為：

$$P = \frac{1}{f} = (n-1)\left(\frac{1}{r_1} - \frac{1}{r_2}\right) \tag{8.15}$$

從(8.15)式可知，若相同焦距且相同材料的透鏡，但有不同 r_1、r_2 的曲率半徑，這些不同形狀的透鏡可以計算出不同的球差值，所以適當的選擇透鏡形狀，有利於得到最小的球差，這種過程一般稱為 bending。

3.　將透鏡的一面或兩面磨成非球面，可以使此透鏡的球差完全消除。然而非球面透鏡(aspherical lens)只能使某一物距的球差完全消除，其它的物距成像，仍會有相當的球差存在。所以方法雖好，但較不像其它方法般的被常使用，而且非球面的研磨技術要較球面來的困難些。

4.　要消除系統的球差，可以採用多透鏡的組合，利用各個透鏡的正負球差相互彌補，使系統的總球差值降低。

8-3　慧差(Coma Aberration)

　　慧差產生的原因，是因為軸外的物點以不同高度的光線入射系統，而各高度的光線對系統的成像放大率不同，所以產生了像差，由於這種像差成像的形狀好像彗星，因此稱為慧差。

　　習慣上我們常將一個光學系統視為由二個正交平面所構成，一為由主光線和光軸所組成的平面，如圖 8-3 中的 y-z 平面即是，我們稱為子午平面(meridional plane)，或可稱為正切平面(tangential plane)。另一個則是包含主光線並和子午平面垂直的面，稱為弧矢平面(sagittal plane)，或稱為徑向平面(radial plane)。現在就分別以子午面與弧矢面上的光線在成像面上的像點分佈情形來說明。

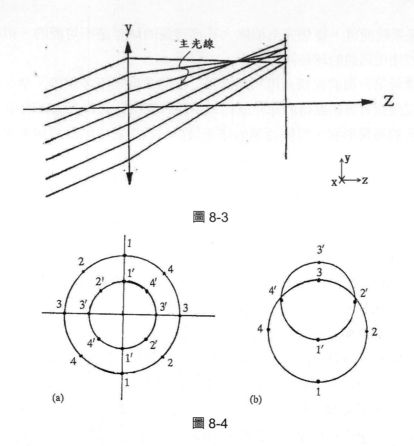

圖 8-3

圖 8-4

　　圖 8-4(a)是描述某個透鏡的 *x-y* 平面，橫軸代表的是弧矢面上的光線情形，縱軸是子午面上的光線情形。在此平面上選取二個不同高度的光圈 1234 及 1'2'3'4'，則此二光圈上的光線成像情形如圖(b)所示。以高度較大的光圈為例，若在(a)圖中通過子午面上 1 的兩光線，會聚在(b)圖中 1 的像點上；通過弧矢面上 3 的兩光線，則會聚在(b)圖中 3 的像點上，光圈上所有光線所成的像恰好是一個圓。而不同高度的光圈所成的圓會有大小及位置的不同，因此所成的像是由這些大小不同的圓重疊出來的，如圖 8-5 所示，尖端部份光強度最強，看起來就好像彗星形狀。

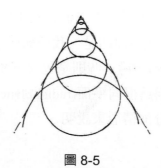

圖 8-5

　　圖 8-5 中，以高斯成像點為頂點，其它的成像圓向下排列，稱為負慧差。若頂點在下，成像圓往上排列的，稱為正慧差。

　　慧差雖是軸外物點的成像缺陷，但仍是屬於軸附近的部份，所以對一些把視場放在光軸附近(即視場角小)的儀器，例如望遠鏡、顯微鏡等，球差及慧差都是要考慮的重要像差。若要使慧差減小，選擇適當的透鏡形狀仍不失為是一個重要方法。因為慧差也和球差一樣，會在 bending 的過程中改變像差值，此外，根據慧差成像放大率不同之故，我們經由分析消除慧差的計算過程中，可得到阿貝正弦條件(Abbe's sine condition)。

　　以圖 8-6 的單一球面系統來說，物 $\overline{MB}$ 成像於 $\overline{M'B'}$ 處，放大率滿足

$$m = \frac{h'}{h} = -\frac{\overline{OM'}}{\overline{OM}} \tag{8.16}$$

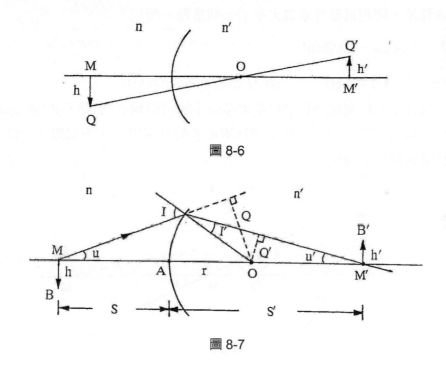

圖 8-6

圖 8-7

利用圖 8-7 的關係，可將(8.16)式寫為

$$m = -\frac{\overline{OM'}}{\overline{OM}} = -\frac{s'-r}{s+r} = -\frac{Q'/\sin u'}{Q/\sin(-u)} = \frac{Q'\sin u}{Q\sin u'} \tag{8.17}$$

(8.17)式中的 Q、Q' 分別滿足

$$Q = r\sin I \tag{8.18}$$

$$Q' = r\sin I' \tag{8.19}$$

在界面上的 Snell 定律為

$$n\sin I = n'\sin I' \tag{8.20}$$

將(8.18)、(8.19)、(8.20)代入(8.17)，可得放大率

$$m = \frac{h'}{h} = \frac{n\sin u}{n'\sin u'} \tag{8.21}$$

為了要消除慧差，則相當於要求放大率是一個常數，所以

$$hn\sin u = h'n'\sin u' \tag{8.22}$$

(8.22)式即稱為阿貝正弦條件，是消除慧差必須滿足的條件。

在單一波長下，球面像差和彗星像差都最小的透鏡稱為"最佳形式"或 aplanatic 透鏡。前節中曾談到，單一球面系統中滿足零球差的共軛點——不暈點，它的慧差值如何呢？我們可做以下的分析。

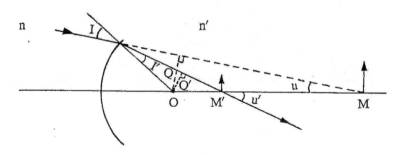

圖 8-8

在圖 8-8 中，M 與 M' 為一對不暈點，$\sin u = Q/\overline{OM}$，$\sin u' = Q'/\overline{OM'}$，將不暈點的物像關係式(8.13)及(8.14)代入，可得

$$\sin u = \frac{Q}{-s-r} = \frac{n}{n'}\sin I \tag{8.23}$$

$$\sin u' = \frac{Q'}{s'-r} = \frac{n'}{n}\sin I' \tag{8.24}$$

因此可得放大率為

$$m = \frac{h'}{h} = \frac{n\sin u}{n'\sin u'} = \left(\frac{n}{n'}\right)^2 \tag{8.25}$$

由(8.25)式的推導結果可知，滿足不暈點的成像放大率是一個常數，不會因光線入射系統的高度不同而改變，所以不暈點既沒有球差也沒有慧差，對視場角小的系統來說，這是一個最佳的成像狀況。下面的例子中，即將不暈點的物像關係應用在顯微鏡系統中，將可大大的提高成像的品質。圖 8-9 是一個簡略的系統圖。

設計透鏡 L_1 的曲率半徑，使得 M 與 M' 為不暈點，透鏡 L_2 的 r_2 球面以 M' 為圓心，再設計 r_2 曲率半徑，使 M' 與 M'' 亦為不暈點關係。利用光的可逆性質，使 M、M' 或 M'、M'' 的物像關係與(8.13)式、(8.14)式相反(即將 M'' 視為虛物，成像在 M'，再以 M' 為虛物，成像在 M 上)，如此可一次次的放大待測物，又可滿足小視場無慧差且無球差的成像品質。

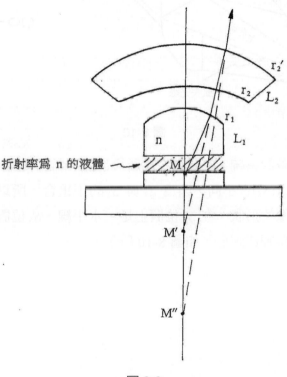

圖 8-9

8-4 像散像差(Astigmatism)

　　像散是離軸較遠的物點因成像位置不同而造成的成像差異現象。在圖 8-10 中，我們來說明像散的情形。

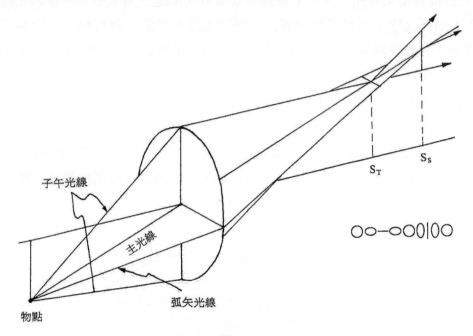

圖 8-10

　　在一個有像散像差的系統，由離軸物點所發出的光線中，其子午光線成像位置(S_T)和弧矢光線的成像位置(S_S)會不同，因為 S_T 與 S_S 的不重合，所以對一物點來說，成像便不再會是一點，成像的形狀，在 S_T 位置上是一水平線，S_S 位置上則是一垂直線，其它位置上的形狀則是橢圓或圓形，如圖 8-10 所示。

　　大體來講，軸上的物點，是不會有像散像差發生的，物點離軸越遠，則 S_T 及 S_S 分的越開，像散像差也就越明顯，它們的關係為圖 8-11 所示。能夠適當的優化系統使得 S_T 與 S_S 重合，那麼才能使像散像差去除。由於像散像差產生的因素多半是因物離軸的距離而造成，系統孔徑的大小影響較小，所以一般我們多採用選擇適當的透鏡形狀和適當的透鏡間距來達成消除像散的目的。

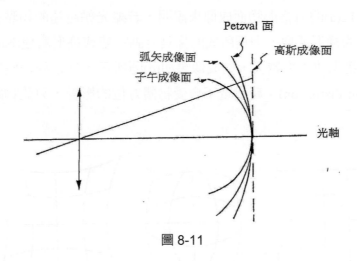

圖 8-11

8-5 　場曲(Curvature of field)

　　若一個系統的球面像差 S_1、慧差 S_2、像散像差 S_3 都已修正為零，那麼這個系統就能使物點成像為一個點像。然而在觀察這些點像所構成的成像面時，我們卻可能會發現它是一個曲面，也就是說在 $S_3 = 0$ 的條件下，子午光線成像位置 S_T 與弧矢光線成像位置 S_S 將會重合，但重合的成像面卻不是平面而是為 Petzval 面，參考圖 8-11 中的 Petzval 面。此面乃因離軸物點的高度使點像的成像位置有所不同而造成，這種差異，稱為場曲像差。Petzval 面會隨著透鏡的折射率和曲率而改變，一般來說正透鏡的 Petzval 面形狀，如圖 8-11 所示，向著透鏡彎曲，而負透鏡的 Petzval 面則是背著透鏡彎曲。系統因為場曲的現象，所以為求清楚的成像面，常會迎合 Petzval 面，導致我們經常可看到有曲率的畫面或螢幕，若能修正此像差，使得 $S_4 = 0$，那麼稱此系統為平視場。

8-6 畸變(Distortion)

　　在點物成點像($S_1 = S_2 = S_3 = 0$)且平視場($S_4 = 0$)的系統中，成像並非就完美了，因爲像點與像點之間的關係有可能發生變化，這種變化造成的像差，稱爲畸變。大體來說，畸變是因爲離軸遠近不同的物點，其橫向放大率不一樣所造成的成像差異。

　　我們以圖 8-12(a)的方格形物面成像來說明，若離光軸越遠的物點放大率越小，如此會造成如(b)圖的桶形成像，則稱所成的像具有副畸變或桶形畸變(barrel distortion)；若離光軸越遠的物點放大率越大，則成像會如(c)圖所示，稱這種畸變爲正畸變或稱枕形畸變(pincushion distortion)。畸變量不會受物體方位的影響，只隨物離軸的高度而改變。

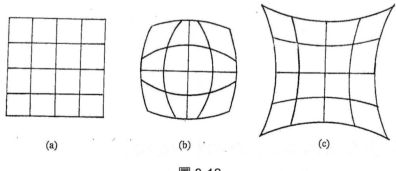

圖 8-12

　　成像的畸變若不爲人眼所察覺，那麼這個像差是可以被接受的，人眼接受畸變值的大小約爲 4%，但若是用來做測量的光學系統，那麼畸變就會直接影響精度而必須消除，曾提過一個無像差的成像系統——針孔成像系統，因爲針孔成像沒有畸變，所以由其物像的關係我們可推導出消除畸變的條件。

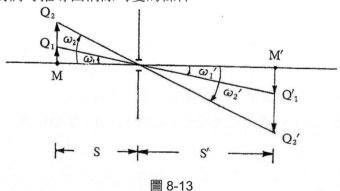

圖 8-13

針孔成像系統中，物點 Q_1 及 Q_2 的橫向放大率相同，都滿足

$$m = \frac{h'}{h} = \frac{s'\tan\omega'}{s\tan\omega} = 常數 \tag{8.26}$$

(8.26)式稱為正切條件。因此當物面上每一物點的橫向放大率都滿足正切條件，那麼將不會產生畸變像差。除此條件外，我們也可以利用光欄在系統中的位置來降低畸變像差。

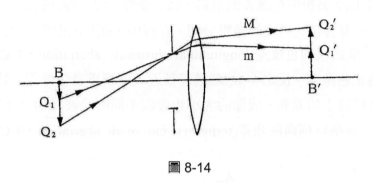

圖 8-14

假設離軸較遠物點的放大率用 M 表示，離軸較近物點的放大率用 m 表示，則由圖 8-14 可知，在一個前置光欄系統中，從 Q_2 發出的光線經過透鏡的邊緣，故此光線所感受到的透鏡屈光率較 Q_1 所發出的光線來的大，因此 $M < m$。這樣的裝置使成像有負畸變的現象。

圖 8-15 所示是一個後置光欄系統，很明顯的可看出由 Q_1 發出光線所感受到的屈光能力較大，所以 $m < M$，因此這個系統使像有正畸變的現象產生。由上述的分析可知，要消除畸變像差，可採用對稱性的光學系統，並在系統中心放置一個光欄，如圖 8-16，就可成為一個無畸變的光學系統，因此對畸變要求嚴格的光學系統往往採取對稱或近似對稱的光學結構形式。

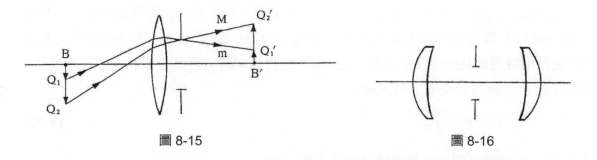

圖 8-15　　　　　　　　　　　　　　　　圖 8-16

8-7 色像差(Chromatic Aberration)

$S_1 \sim S_5$ 指的都是單色像差(monochromatic aberration)。如果入射光是複色光,那麼因為介質對不同波長有不同的折射率,所以折射角不同,聚焦成像在不同的位置上而產生像差,稱為色像差(chromatic aberration),簡寫 C.A.。除了反射鏡外,其它任何元件均會產生色像差,即使是在高斯光學下的成像也都具有色像差的成像缺失。

我們藉由圖 8-17 來說明色像差的情形。軸上物點 M 對透鏡成像,因透鏡的折射率與波長成反比,使得各色光所成的像點分開,在圖中,紅光的像點為 M_C',藍光的像點為 M_F',$\overline{M_C'M_F'}$ 稱為縱向色像差(longitudinal chromatic aberration,L.C.A.)。若 M_F' 離透鏡較近,稱為正色像差,反之,M_C' 離透鏡較近,則稱為負色像差。物 $\overline{MQ}$ 成像會因折光的不同而有位置上的差異,成像的大小也會因不同的光波長而有不同,$\overline{M_F'Q_F'}$ 與 $\overline{M_C'Q_C'}$ 的高度差就稱為橫向色像差(transverse chromatic aberration,T.C.A.)。

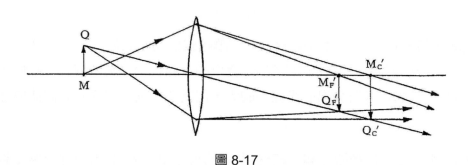

圖 8-17

若要消除色像差,通常是針對系統所使用的波長及需要來設計,藉著透鏡的組合使二個波長的光波有相同的焦距,能矯正二個波長的色差,稱為消色差透鏡(achromatic lens),通常矯正的二個波長是紅、藍二色。而對矯正色像差,且也能矯正球差的系統,稱為複消色差透鏡(apochromatic lens),複消色差透鏡的設計能將三種不同顏色(通常是紅、綠、藍三色)的光會聚在相同的平面。一般來說,最簡單的消色像差方法,是利用二個不同材料做成的膠合系統,其中一個透鏡的正色像差和另一透鏡的負色像差抵消,使得兩特定波長的成像重合在一起。以下是膠合兩薄透鏡而達到無色像差的設計。首先,膠合透鏡的屈光率 P 可寫成:

$$P = P_1 + P_2 \tag{8.27}$$

式中 P_1、P_2 分別是膠合系統兩透鏡的屈光率,故

$$P_1 = (n_1 - 1)\left(\frac{1}{r_{11}} - \frac{1}{r_{12}}\right) \tag{8.28}$$

$$P_2 = (n_2 - 1)\left(\frac{1}{r_{21}} - \frac{1}{r_{22}}\right) \tag{8.29}$$

其中，n_1、n_2 爲兩透鏡的折射率，r_{11}、r_{12}、r_{21}、r_{22} 分別是透鏡的兩曲率半徑。設屈光率因折射率而產生的變化量爲ΔP，則

$$
\begin{aligned}
\Delta P &= \Delta P_1 + \Delta P_2 \\
&= \Delta n_1 \left(\frac{1}{r_{11}} - \frac{1}{r_{12}}\right) + \Delta n_2 \left(\frac{1}{r_{21}} - \frac{1}{r_{22}}\right) \\
&= \frac{\Delta n_1}{n_1 - 1} P_1 + \frac{\Delta n_2}{n_2 - 1} P_2 \\
&= \frac{P_1}{v_1} + \frac{P_2}{v_2}
\end{aligned}
\tag{8.30}
$$

如果式(8.30)的計算是針對修正紅光及藍光的色像差而設計，則 v_1、v_2 就分別是兩透鏡的阿貝常數。在要求無色像差的條件下，我們可得

$$\frac{P_1}{v_1} + \frac{P_2}{v_2} = 0 \tag{8.31}$$

將(8.31)式與(8.27)式聯立，即可計算出 P_1 與 P_2 之值。例如以重冕玻璃($v_1 = 60.6$)和輕火石玻璃($v_2 = 38.0$)設計一個屈光率爲 1D 的無色像差系統，可得 $P_1 = 2.68D$，$P_2 = -1.68D$。將滿足 P_1 與 P_2 的兩透鏡膠合，即可使紅光與藍光無色像差產生。

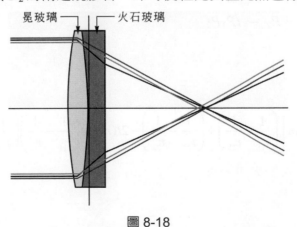

圖 8-18

圖片來源：http://zh.wikipedia.org/zh-tw/File:Achromat_doublet_en.svg

但對其它波長的光來說，其偏差量又有不同，我們以黃光(D)來分析其情況

$$P_{D,C} = \frac{n_{1D} - n_{1C}}{n_1 - 1} P_1 + \frac{n_{2D} - n_{2C}}{n_2 - 1} P_2$$

$$= \left(\frac{n_{1D} - n_{1C}}{n_{1F} - n_{1C}}\right) \frac{P_1}{v_1} + \left(\frac{n_{2D} - n_{2C}}{n_{2F} - n_{2C}}\right) \frac{P_2}{v_2} \qquad (8.32)$$

在(8.32)式中，若能選擇適當的玻璃材料，使括號部份為零，則 $P_{D,C} = 0$，也就是說黃光與紅光也無色像差產生。對前述之重冕玻璃與輕火石玻璃而言，

$$\frac{n_{1D} - n_{1C}}{n_1 - 1} = 0.305$$

$$\frac{n_{2D} - n_{2C}}{n_2 - 1} = 0.295$$

所以

$$\Delta P_{D,C} = 0.000446D$$

或

$$\frac{\Delta P_{D,C}}{P} = 0.04\%$$

若想以兩個透鏡的組合來消除色像差，除了上述的膠合系統外，還可採取分離式的設計，在這種設計中，兩透鏡可選用相同的材料製成。設兩透鏡間的距離為 t，由第 11 章例題 4 的計算知，系統的總屈光率為

$$P = P_1 + P_2 - tP_1P_2$$

在消色差的條件下，可得

$$\Delta P = \Delta n \left[\left(\frac{1}{r_{11}} - \frac{1}{r_{22}}\right) + \left(\frac{1}{r_{21}} - \frac{1}{r_{22}}\right) - 2t(n-1)\left(\frac{1}{r_{11}} - \frac{1}{r_{12}}\right)\left(\frac{1}{r_{21}} - \frac{1}{r_{22}}\right)\right]$$

$$= 0$$

因為$\Delta n \neq 0$，所以

$$P_1 + P_2 - 2tP_1P_2 = 0$$

即

$$t = \frac{P_1 + P_2}{2P_1P_2} = \frac{f_1 + f_2}{2} \tag{8.33}$$

上式表示兩透鏡間的距離要為兩透鏡焦距和的一半。

　　一般的光學儀器一定包含了光學系統、光檢測器、電子系統和精密的機械結構，藉著彼此的匹配達到最佳量測的目的，其中光學系統的功能一般是對一定頻寬範圍的光線成像，但任何一個光學系統，都不能對所有經過的各波長光線矯正其像差，在光學設計中，大都是針對光檢測器接收最靈敏的光波修正其單色像差，對所接收頻寬範圍內兩端的光波修正其色像差。另光學系統中的五種單色像差也並非全面進行修正，而是依據使用的條件來選擇修正的項目，若是小視場大口徑的系統，例如：顯微物鏡、望遠鏡物鏡等，因視場小所以只要考慮與口徑有關的像差，如球差、小視場的慧差和縱向色像差。若是大視場小口徑的系統，例如：目鏡等，因小口徑故球差、小視場的慧差和縱向色像差較易控制，但對軸外的像差，例如：橫向色像差、慧差、像散和場曲的修正要特別注意。最後若是大視場大口徑的系統，例如：照像物鏡等，不僅軸上的像差要修正，還要考慮全部軸外的像差，然而這些像差又彼此有關連，都會使一物點經光學系統後成為一團成像斑點，所以我們使用光學設計軟體使像斑變的越小越好。

Chapter 9

光欄

9-1 概述

　　在前面的成像系統中，我們忽略了一些實際成像中會遭遇的問題，例如：成像範圍的限制，亦即物體對光學系統成像時，只有物空間的某些部分而非全部可對系統成像，還有就是成像亮度的控制，因爲物體所發出的能量，只會有一部分能進入系統，而光線進入系統的多寡會影響成像的亮暗。上面談到的問題主要是因爲系統中每一個光學元件都有一定的大小，對於入射的光束會有一定範圍的邊緣限制，因而產生了成像範圍及成像亮度的問題。光學系統中凡是對於光束具有邊緣限制的元件都稱爲光欄(stop)，光欄可以是任何形狀，取決於其用途，只是大部份看到的是圓形。任何成像系統都有光欄，它可能是透鏡，也可能是外加的一個孔洞(多半是圓形的孔洞)，例如照相機中可調孔洞直徑的光圈(iris)。又如眼睛的瞳孔也可以視爲一個光欄，用來調節進入眼睛的光亮度。

　　系統的眾多光欄中，可限制光通量(ray flux)，且控制像亮度的光欄稱爲孔徑光欄(Aperture Stop，A.S.)。圖 9-1 中的系統有三個光欄：透鏡、透鏡後的孔洞和成像面上的孔洞。對 $\overline{MQ}$ 的物來說，由圖中光路的分佈可以看到，透鏡後的孔洞使得部份通過透鏡 L 邊緣的光線受阻擋而無法射到成像面上，所以透鏡後的孔洞是系統中限制光通量的光欄，孔洞的大小控制成像的亮度，所以孔洞是此光學系統的孔徑光欄，以符號 A.S. 表示。此外，在光欄中，決定成像範圍的光欄稱爲視場光欄(Field Stop，F.S.)，例如圖 9-1 中成像面上的孔洞即扮演了這個角色，成像面上的孔洞限制了可成像的範圍，也就是說，決定了系統的視野(field of view)範圍，所以是系統的視場光欄，以符號 F.S.表示。

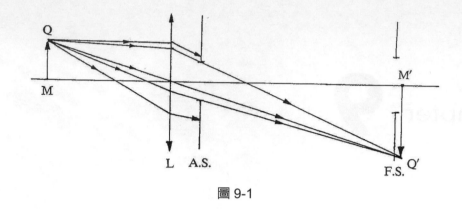

圖 9-1

9-2 孔徑光欄(aperture diaphragm)

　　孔徑光欄到底允許了多少光通量通過系統射到成像面上？針對這個問題，我們可以利用孔徑光欄在物空間與像空間所成的像來說明，這樣會比較容易明瞭。先定義二個非常重要的面，一個是物空間觀測到的孔徑光欄，我們稱為入瞳(Entrance pupil)，以符號 E 來表示。入瞳的位置是將系統的孔徑光欄對所有在它左邊的成像元件所成的像，若孔徑光欄左邊沒有任何折光元件，那麼孔徑光欄本身就是入瞳，換句話說，入瞳是孔徑光欄在物空間的成像，即對孔徑光欄左邊的所有折光元件而言，入瞳與孔徑光欄是共軛關係。另一個是在像空間觀測到的孔徑光欄，稱為出瞳(Exit pupil)，用符號 E'來表示。出瞳的位置是將孔徑光欄對所有在它右邊的折光元件所成的像，若是孔徑光欄右邊沒有任何折光元件，那麼孔徑光欄本身就是出瞳，換句話說，出瞳是孔徑光欄在像空間的成像，即對孔徑光欄右邊的所有折光元件而言，出瞳與孔徑光欄是共軛關係。入瞳與出瞳可說是系統的入口、出口，分別位於物、像空間中代表著孔徑光欄，它們可能是一虛的面(孔徑光欄所成的像)，也可能是一實際的面(孔徑光欄或透鏡)，下面我們利用圖 9-2 及圖 9-3 來做進一步的說明。

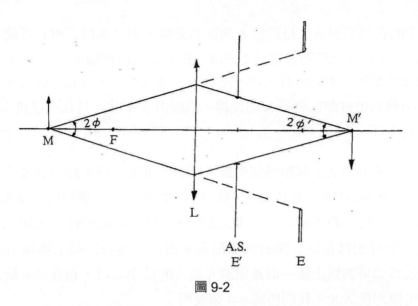

圖 9-2

圖 9-2 中，若相對於物 $\overline{MQ}$ 的孔徑光欄是透鏡後的光欄，即圖中的 A.S.，那麼以 A.S.為實物，對透鏡 L 成的像為入瞳 E，又因為 A.S.後沒有透鏡，所以本身就是系統的出瞳 E'。既然 E 是光線在物空間的入口，它又和 A.S.間有物像的共軛關係，所以由物點(M) 對 E 的張角若為 2ϕ，則由物點(M)所發出的所有光線，只有在此張角內的光線恰能通過 A.S.，這些從入瞳 E 進入的光線，會完整的通過系統成像在像面上。出瞳 E' 是系統的出口，我們把像對 E' 的張角定為 $2\phi'$，因像空間的出瞳 E' 和 A.S.也是一對共軛關係，所以所有通過 A.S.的光線，能由 E' 射出，這些光線恰好在 $2\phi'$ 的範圍內會聚在像面上成像。ϕ 與 ϕ' 分別稱為系統在物、像空間的孔徑角(Aperture angle)，由此系統可知，成像的亮暗由物、像空間的孔徑角 ϕ 與 ϕ' 決定之。

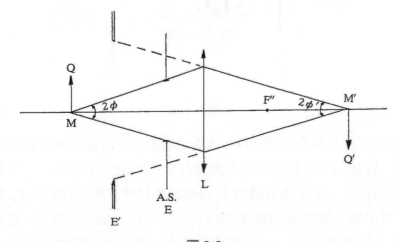

圖 9-3

　　圖 9-3 中的孔徑光欄 A.S.是透鏡 L 前面的光欄，因 A.S.前面沒有透鏡，所以 A.S.本身就是入瞳 E，以 A.S.為物對透鏡 L 所成的像是系統的出瞳 E'。物點(M) 對 E 的張角 2ϕ，在 2ϕ 角錐內入射的所有光線，由入瞳 E 進入系統，經過透鏡 L 折射後，會聚在像點 M'，不難看出會聚在像點 M'的光線，恰經由 E' 射出，且在孔徑角 $2\phi'$ 的角錐內會聚於像面 M'上。

　　上面所舉例子中的 A.S.都由外加光欄所扮演，可是一個系統的 A.S.也可能是透鏡本身，圖 9-2 及圖 9-3 的系統都較簡單，較容易判斷出孔徑光欄的位置及大小，然若光學系統較複雜，那麼我們該如何決定到底那一個光欄才是系統的 A.S.呢？解決的方法是可將系統中所有光欄在物空間的成像都先求出來，再畫出軸上物點對這些像的張角，由最小張角即可判斷出那一個是限制光進入的最小入口，也就是系統入瞳，與入瞳相對應的光欄即為 A.S.。我們用圖 9-4 來說明。

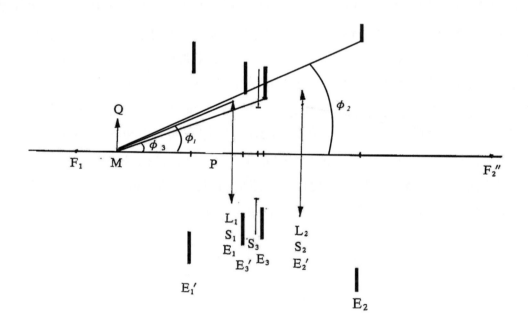

圖 9-4

　　在圖 9-4 中，光學系統有三個光欄，分別是透鏡 L_1、L_2 以及兩透鏡間的外加光欄，分別用 S_1、S_2、S_3 標示之，其中，S_1 左邊沒有其它折光元件，所以本身即為物空間的像，標示為 E_1，而 S_2、S_3 左邊有透鏡 L_1 這個折光元件，所以分別對 L_1 成像，分別標示為 E_2、E_3。畫出軸上物點 M 對物空間的 E_1、E_2、E_3 三個入口張角，張角分別是 ϕ_1、ϕ_2、ϕ_3，圖 9-4 可以看出 $\phi_3 < \phi_1 < \phi_2$，因為 ϕ_3 最小，所以 E_3 是限制光通量的最小入口，

因此 E_3 就是入瞳(E)，E_3 是 S_3 在物空間的成像，所以 S_3 是孔徑光欄(A.S.)，至於像空間的三個光欄的成像分別是 E_1'、E_2'、E_3'，其中 E_2' 是 S_2 光欄本身，E_1'、E_3' 分別是 S_1、S_3 對 L_2 所成的像。因 S_3 在像空間的像是 E_3'，所以 E_3' 是系統的出瞳(E')，軸上物點 M 射出之光線通過系統成像在 M''的情形如圖 9-5 所示。

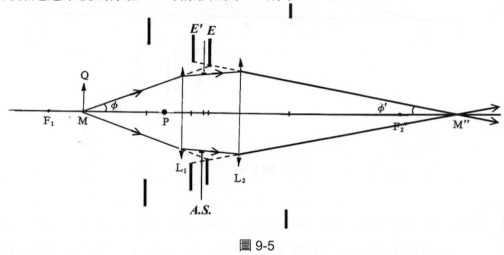

圖 9-5

但圖 9-5 中的入瞳、孔徑光欄、出瞳的分佈對軸上另一物點 P 來說就不正確，以物點 P 對物空間的 E_1、E_2、E_3 三個入口張角，所得到的最小張角應爲 ϕ_2，所以 S_2 是孔徑光欄，E_2、E_2' 分別是系統的入、出瞳。由上面的討論可知，A.S 的決定會因物的位置不同而改變。

在圖 9-4 的系統中，利用物空間的 E_1、E_2、E_3 三個入口，可將物空間做如圖 9-6 的區域劃分：(1)物的位置在 Z_1 的左邊到無限遠，(2)物的位置在 Z_1 與 Z_2 之間，(3)物的位置在 L_1 與 Z_2 之間，分別由三個區域裡的軸上物點找出最小張角的入口，可以發現(1)區域的孔徑光欄是 S_1，(2)區域的孔徑光欄是 S_3，(3)區域的孔徑光欄是 S_2。利用相同的方式，我們也可由像點對所有像空間的 E_1'、E_2'、E_3' 三個出口畫出張角，取最小的張角來決定出瞳的位置，然後再決定出正確的孔徑光欄和入瞳位置。

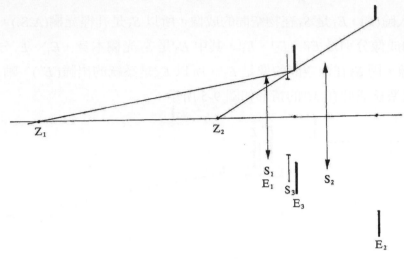

圖 9-6

例題 1 ┈┈┈┈┈┈┈┈┈┈┈┈┈┈┈┈┈┈┈┈┈┈┈┈┈┈┈┈┈┈┈┈┈┈┈┈┈●

　　焦距 6 公分，直徑(D)是 6 公分的薄透鏡，前面 2 公分處放置一個直徑是 6 公分的光
欄，後面 2 公分處放置另一個直徑是 4 公分的光欄，一物放在透鏡前 12 公分處，試
決定孔徑光欄、入瞳、出瞳的位置及大小？並求物、像空間之孔徑角 ϕ 及 ϕ'？

解　如圖 9-7 所示，設透鏡前的光欄為 S_1，透鏡為 S_2，透鏡後的光欄為 S_3

　　則物空間各光欄成像為 E_1、E_2、E_3，其位置、大小如下：

　　(1)　E_1 是 S_1 本身

　　(2)　E_2 是 S_2 本身

　　(3)　S_3 對透鏡成像

$$\frac{1}{2} + \frac{1}{s} = \frac{1}{6} \text{，} s' = -3$$

$$m = -\frac{s'}{s} = -\frac{(-3)}{2} = 1.5$$

$$y' = 4 \times 1.5 = 6$$

　　E_3 在透鏡右邊 3 公分處，直徑是 6 公分。

　　像空間各光欄成像為 E_1'、E_2'、E_3'，其位置、大小如下：

　　(1)　S_1 對透鏡成像

$$\frac{1}{2} + \frac{1}{s'} = \frac{1}{6} \text{，} s' = -3$$

$$m = -\frac{s'}{s} = 1.5$$

$$y' = 6 \times 1.5 = 9$$

E_1'在透鏡左邊 3 公分處，直徑是 9 公分。

(2)　E_2'是 S_2 本身

(3)　E_3'是 S_3 本身

求出物點 M 對物空間各光欄張角如下：

$$\phi_1 = \tan^{-1}\frac{3}{10} = 16.7°$$

$$\phi_2 = \tan^{-1}\frac{3}{12} = 14.04°$$

$$\phi_3 = \tan^{-1}\frac{3}{15} = 11.31°$$

比較可知最小張角是ϕ_3，故

(1)　孔徑光欄在透鏡後 2 公分處，直徑是 4 公分。

(2)　孔徑光欄本身就是系統出瞳。

(3)　入瞳在透鏡後 3 公分處，直徑是 6 公分。

(4)　物空間的孔徑角為：$\phi = \phi_3 = 11.31°$

另外物所成的像位置是：

$$\frac{1}{12} + \frac{1}{s'} = \frac{1}{6} \text{，} s' = 12$$

物成像的位置在透鏡後 12 公分處，所以像空間孔徑角為軸上像點對出瞳的張角

$$\phi' = \tan^{-1}\left(\frac{2}{12-2}\right) = 11.31°$$

將以上計算所得畫成圖，如圖 9-7 所示。

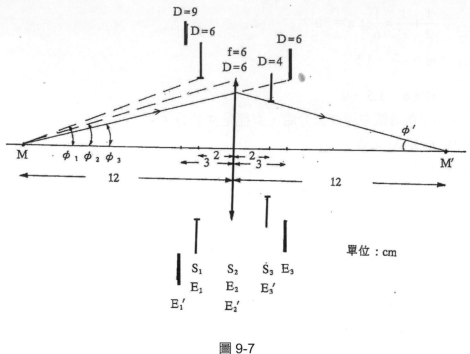

圖 9-7

9-3 主光線和邊緣光線
(Chief ray & marginal ray)

　　取離軸物點所發出的光線，且此光線通過入瞳、孔徑光欄、出瞳和光軸的交點，這條光線稱為主光線。若由軸上物點所發出，且通過入瞳、孔徑光欄及出瞳邊緣的光線稱為邊緣光線。從主光線和邊緣光線的定義，可知其對孔徑光欄與物像間的關係具有重要的物理意義。

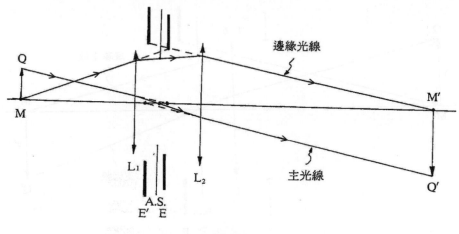

圖 9-8

　圖 9-8 是以圖 9-4 的系統來說明主光線和邊緣光線的路徑。圖 9-8 中系統的物 $\overline{MQ}$ 位在 Z_1 與 Z_2 之間，對應的 A.S.、E、E' 如圖所示，依主光線與邊緣光線的定義，繪出二條光線所走的路徑。因邊緣光線通過軸上物點 M，故必過物點之共軛點 M'，主光線選取經過離軸最遠之物點 Q，故其在像面上的共軛點 Q' 為離軸最遠之像點，由二條光線所走的路徑將很容易確定出像 $\overline{M'Q'}$ 的位置及大小。我們可歸納出：主光線和光軸的交點必是入瞳、孔徑光欄或出瞳的位置；邊緣光線和光軸的交點分別是物與像的位置。至於入瞳、孔徑光欄與出瞳的大小由邊緣光線來決定，而主光線則決定了物與像的高度。

例題 2

在例題 1 題目中，若物高 3 公分，

(1)以主光線和邊緣光線來決定像的位置及大小

(2)以計算法來驗證(1)的答案。

解　(1)　圖 9-9 中是利用主光線與邊緣光線來求得像 $\overline{M'Q'}$，成像位置在透鏡後 12 公分處，像高 3 公分，為倒立成像。

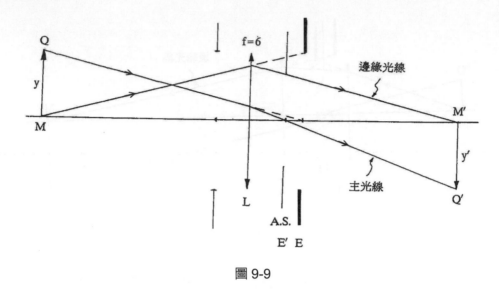

圖 9-9

(2) 利用薄透鏡成像公式計算：

$$\frac{1}{12} + \frac{1}{s'} = \frac{1}{6}$$

$$s' = 12 \text{ cm}$$

$$m = -\frac{12}{12} = -1$$

$$y' = y \times (-1) = -3 \text{ cm}$$

由計算可知成像於透鏡後 12 公分處，像高 3 公分，是一個同樣大小的倒立實像，由此可證和(1)的結果相同。

9-4 視場光欄

系統中決定成像範圍的光欄稱為視場光欄(Field Stop，F.S.)，它可以限制系統的視場，多半是安置在系統的物面或像面上，例如照相機攝影機專門的底片窗口，可能是方形或長方形，又例如是顯微鏡中放置刻度尺處，形狀依系統的需要而定。和入、出瞳一樣，我們也可以在物、像空間觀測到視場光欄，也就是視場光欄在物、像空間的成像，我們定義為入窗(Entrance window)和出窗(Exit window)。入窗是視場光欄對所有在它左邊的折光元件所成的像，若是前面沒有折光元件，那麼視場光欄本身就是入窗，入窗用符號 W 來表示。出窗則是視場光欄對所有在它右邊的折光元件所成的像，若是

右邊沒有折光元件，視場光欄本身就是出窗，用符號 W' 表示之。因對視場光欄左邊的所有折光元件而言，入窗與視場光欄是共軛關係，所以視場光欄決定的視野，在物空間中入窗亦有相同的視場，亦即經由入窗可成像的範圍，能經過視場光欄，完整成像在像空間，因此物空間中直接由入窗就可以決定系統的視野範圍，例如我們看窗外的景色，窗子就是我們的入窗，窗子的大小、遠近都直接影響了視野範圍和視場角的大小。視場光欄並不一定像圖 9-1 所示的都在成像面上，它也有可能在其它的位置上，我們以圖 9-10 做說明。

　　圖 9-10 系統由二個光欄 S_1、S_2 及透鏡 S_3 組成，這三個光欄本身都兼具是物空間的入口，對位於 M 處的物來說，很明顯的透鏡前面的光欄 S_2 是入瞳及孔徑光欄 A.S.，物點 M 可經由透鏡或像在像面上，但物面上其它物點卻未必能順利成像，若將物面劃分成不同區域，則 $\overline{Q_1Q'_1}$ 範圍內的物點都可以通過二光欄和透鏡呈現在像面上；$\overline{Q_1Q_2}$、$\overline{Q_2Q_3}$ 範圍內的物點則因 S_1 的關係，只能個別通過 A.S.的上半部分、下半部分而成像在像面上；Q_3 以上及 Q'_3 以下範圍內的物點，因 S_1 的遮擋而完全不能進入系統。由圖 9-10 系統可知 S_1 限制了成像的範圍，因此是系統的入窗(W)，也是視場光欄($F.S.$)。

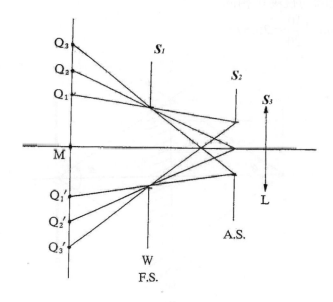

圖 9-10

　　系統中限制成像範圍的光欄是視場光欄,但是眾多光欄中,那一個才是視場光欄呢?我們可以利用下面的方法來決定視場光欄的位置:由入瞳的中心,對所有物空間的光欄取張角,最小張角所對應的光欄就是入窗(W),再由入窗找出視場光欄($F.S.$)及出窗(W')。入瞳中心對入窗的張角稱為物空間的視場角(field of angle in object space),用 α 表示。出瞳中心對出窗的張角稱為像空間的視場角(field of angle in image space),用符號 α' 表示。

例題 3

　　觀測者前面 20 公分處放置直徑為 10 公分的平面鏡,若觀測者的瞳孔直徑是 2 mm,試問(1) 平面鏡系統入瞳的位置?其直徑有多大?(2)視場角的大小?

解　對平面鏡系統來說,觀測者的瞳孔就是出瞳,而面鏡是唯一其它的光欄,所以面鏡本身就是視場光欄、入窗和出窗。

(1)　由平面鏡的成像原理,可知入瞳在鏡後 20 公分處,直徑為 2 m。

(2)　物、像空間的視場角相同

$$\alpha = \alpha' = \tan^{-1}\frac{10}{20} = 26.57°$$

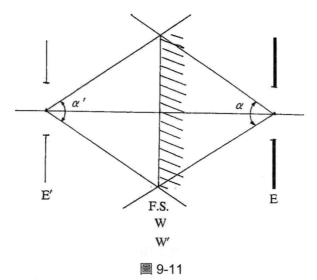

圖 9-11

例題 4

直徑為 5 公分的出瞳位於 $r = +16$ 公分的球面鏡前方 10 公分處，一高為 3 公分的物，中心點在光軸上，位置在鏡前 7 公分處，

(1)求入瞳的位置及大小

(2)求物成像的位置及大小

(3)若能由出瞳看到所有的物，所需鏡面的最小直徑？

(4)視場角為何？

解　(1)　因入瞳與出瞳之間是物像的關係，故利用球面鏡公式求入瞳

$$\frac{1}{10} - \frac{1}{s'} = -\frac{2}{r} = -\frac{2}{16} \text{，} s' = 4.44$$

$$m = -\frac{-4.44}{10} = 0.444$$

$$D = 5 \times 0.444 = 2.22$$

入瞳位置在球面鏡右邊 4.44 公分處，直徑為 2.22 公分

(2)　求物所成的像

$$\frac{1}{7} - \frac{1}{s'} = -\frac{2}{16} \text{，} s' = 3.73$$

$$m = -\frac{(-3.73)}{7} = 0.533$$

$$y' = 3 \times 0.533 = 1.6$$

成像在球面鏡右邊 3.73 公分處，是一個縮小的正立虛像，像高 1.6 公分，將系統圖畫出如圖 9-12 所示。

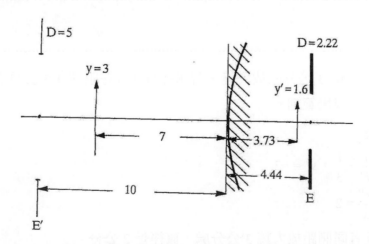

圖 9-12

(3) 球面鏡是系統的視場光欄，所以可利用圖 9-13 的比例關係來求得視場光欄的直徑。

$$\because \frac{1.6}{x} = \frac{5}{x+13.73} \ , \ x = 6.46$$

$$\therefore \frac{1.6}{x} = \frac{x'}{x+3.73} \ , \ x' = 2.52$$

視場光欄直徑至少需 2.52 公分高，才有可能由出瞳觀測到完整的成像。

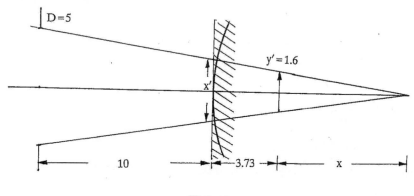

圖 9-13

(4) 物空間視場角為：

$$\alpha = \tan^{-1}\left(\frac{2.52}{4.44}\right) = 29.58°$$

像空間視場角為：

$$\alpha' = \tan^{-1}\left(\frac{2.52}{10}\right) = 14.14°$$

例題 5

直徑 2 公分，焦距 3 公分的放大鏡，觀測者將其放在眼前 1.5 公分處，若人眼的瞳孔為 1 公分，求視場範圍。

解 入瞳位置為

$$\frac{1}{1.5} + \frac{1}{s''} = \frac{1}{3} \ , \ s'' = -3$$

$$m = -\frac{s''}{s} = 2$$

入瞳在觀測者同側距放大鏡 3 公分處，直徑是 2 公分。

物空間視場角爲：

$$\alpha = \tan^{-1}\left(\frac{2}{3}\right) = 33.69°$$

像空間視場角爲：

$$\alpha' = \tan^{-1}\left(\frac{2}{1.5}\right) = 53.13°$$

除了孔徑光欄、視場光欄外，另有漸暈光欄和消雜光光欄也是實際光學系統中常看到的光欄。

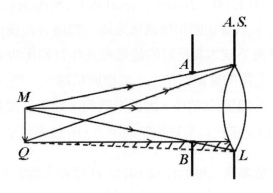

圖 9-14

圖 9-14 系統可以看到漸暈光欄的影響，透鏡 L 限制了軸上物點 M 的光束，所以透鏡 L 是孔徑光欄 $A.S.$，在透鏡 L 前有另一個光欄 $\overline{AB}$，對軸上物點 M 的成像及光束範圍沒有影響，但其對軸外物點 Q 射出的光束卻會有限制，如圖 9-14 所示，由 Q 發出的光束打上斜線的部份被光欄 $\overline{AB}$ 遮住了，這種軸外物點發出光束被遮住的現象稱爲漸暈 (vignetting)，漸暈光欄即是會造成漸暈現象的光欄，它的出現會使成像面的亮度出現不均勻的現象。

若系統的光欄可以限制不是成像物體射來的光束稱其爲消雜光光欄。光學系統中會有各種折射面的反射光、儀器內壁的反射光等，這些無用反而有害的光稱爲雜光。雜光如果不加以限制就會進入光學系統到達像面，從而使像面產生明亮背景，降低成像的對比度，影響像的清晰。所以一些重要的儀器(包括相機鏡頭)都專門設置消雜光光欄，它能消阻雜光，但它不限制通過光學系統的成像光束。一般的光學系統中，常把鏡筒內壁加工成內螺紋，並塗以黑色無光漆來達到消雜光的目的。

9-5 有關亮度的物理量

這一節中我們定義有關於系統亮度方面的一些物理量,它們都有非常重要的特性和作用:

1. **孔徑角(Aperture angle)**

在 9-2 節中已經定義過孔徑角 ϕ,它是物體對入瞳張角的一半。若孔徑角越大,則表示有越多由物體發出的光線會被聚集通過系統,也意味著系統的光通量越大。

2. **F 數值(F-number)**

F 數值與系統的相對孔徑(relative aperture)和照速(speed)有密切的關係。對較遠物體的成像系統中,(譬如照相機或望遠鏡的物鏡等系統),F 數值是個重要的物理量。當我們不考慮系統本身反射的能量和元件材料所吸收的能量時,通過系統的光通量將散佈在有限的像面面積上,成像面積越大,則光通量密度(定義為單位時間單位面積上光的通量)就越小,因此系統的光通量密度和成像面積是成反比的關係。然而成像面積又正比於系統焦距的平方,所以光通量密度正比於 $\dfrac{1}{f^2}$。此外,光通量的大小正比於系統入瞳的面積,若以 D 代表入瞳的直徑,歸納前面的討論,像面上光通量密度正比於 $(\dfrac{D}{f})^2$。我們將 $(\dfrac{D}{f})$ 的比值定義成系統的相對孔徑,它的倒數則定義成 F 數值,用符號 $F/\#$ 表示,即

$$F/\# \equiv \frac{f}{D} \tag{9.1}$$

例如一個透鏡的直徑是 20 mm,焦距是 40 mm,那麼它的 F 數值是 2,符號表示為 $F/2$。由前面的定義可知 F 數值越小像面上光通量密度越大,所以對照相機系統來說,F 數值對曝光時間(快門速度)的決定是個非常重要的物理量。例如 $F/1.4$ 與 $F/2$ 這兩個照相鏡頭,$F/1.4$ 鏡頭的光通量密度是 $F/2$ 的二倍,也就是說對相同曝光量而言,$F/1.4$ 鏡頭的快門速度要比 $F/2$ 鏡頭快了二倍。

3. **數值孔徑(Numberical Aperture,N.A.)**

數值孔徑以符號 N.A.表示。通常用於定值成像系統中,譬如顯微鏡系統,及 2-6 節中提到的光纖系統。我們定義 N.A.為

$$\text{N.A.} = n\sin\phi \tag{9.2}$$

其中 n 為所在空間的折射率，ϕ 為所在空間的孔徑角。我們用顯微鏡系統來說明 N.A.的意義。在圖 9-15 中，左半部表示未加油液時的狀況，待觀測物 P 所發出的光束，因全反射的關係，將限制在 ϕ_0 的半孔徑角內，但如果在物鏡與蓋玻片之間加上與物鏡有相同折射率的油液(如圖中如右半邊的情況)，那麼將使半孔徑角加大為 ϕ，孔徑角加大，相當於增加了物鏡聚集光通量的能力。

　　由上面的定義可知，N.A.值與 F 數值都是描述系統光通量的物理量，對一個無限遠的物而言，它們之間的關係是

$$F/\# = \frac{1}{2}\text{N.A.} \tag{9.3}$$

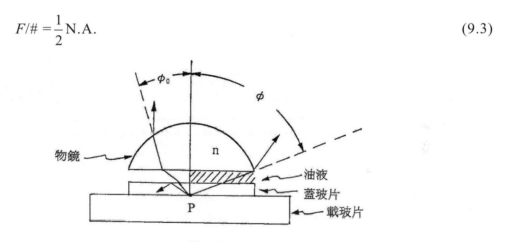

圖 9-15

例題 6

利用一個 F/11 的鏡頭，$\frac{1}{30}$ 秒的曝光時間，可以對一個正在旋轉的物體拍攝到良好感光但卻模糊不清的照片。若改用 $\frac{1}{120}$ 秒的曝光時間則可以有清晰的畫面，試問應配合多少 F 數值的鏡頭？

解　因為光通量正比於 $\left(\dfrac{1}{F/\#}\right)^2$

$$\therefore \left(\frac{1}{11}\right)^2 \times \left(\frac{1}{30}\right) = \left(\frac{1}{x}\right)^2 \times \left(\frac{1}{120}\right)$$

$x = 5.5$

$\frac{1}{120}$ 秒時的 F 數值為 5.5。

Chapter **10**

光學儀器

為了提高視覺的功能，我們常用各種光學元件組成各類儀器做為輔助工具，這些儀器稱為光學儀器(optical instrument)。這一章中，我們介紹幾種基本光學儀器的構造和原理，它們能直接的幫助我們觀察很細微或極遠處的物體。

10-1 眼(Eyes)

人的眼睛是觀測時的重要工具，它被認為是一種非常精緻的光學儀器，所以我們先來介紹眼睛的結構和功能。

人眼的構造大致如圖 10-1，前方是可允許光進入的透明角膜(cornea)，角膜後的空間稱為眼的前室，深度約為 3mm，裡面充滿了折射率約為 1.337 的水狀液(aqueous humor)，前室後有虹膜(iris)，虹膜的中間是一圓孔，這是眼睛的瞳孔(pupil)位置，直徑可由 2.5~4 mm，可以調節限制進入眼睛的光束大小，虹膜後面是一形狀類似雙凸透鏡的水晶體(crystatline humor)，這是眼睛成像的主要部份，直徑約為 9mm、中心厚度約為 4mm，可以有 19D 屈光率的變化能力。水晶體的後面則是眼睛的後室，充滿了含有大量水份的膠狀物質，折射率約為 1.337 的玻璃液(vitreous humor)。最後面的是眼睛的視網膜(retina)，這是一個曲率半徑約為 12.5mm 非常複雜結構的凹球面，它相當於是眼睛光學系統的接收器，佈滿了感光細胞，在視網膜上有一個橢圓形的區域，沒有感光細胞也不會產生視覺，稱之為盲點，距盲點約 15° 有另一橢圓形的區域，中心處密集了大量的感光細胞，是視網膜上視覺最靈敏的區域，稱為黃斑，黃斑在視軸的中心，與眼的光軸夾角約為 5°，整個眼球被一層不透明乳白色的鞏膜包覆起來。在自然狀態

下，水晶體的前表面曲率半徑約爲 10mm，後表面曲率半徑約爲 6mm，當物體的光線進入眼睛後，眼睛會靠著纖細的神經產生自節作用(accommodation)，改變水晶體的曲率半徑、眼睛的屈光率，也就是說，若觀察的是遠處的物體，水晶球的曲率會變小，使得像成於視網膜上，若所觀察的是近處的物體時，水晶球的曲率變大，仍然能使像成在視網膜上。

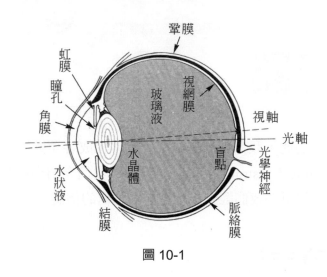

圖 10-1

人眼是一個非常複雜的光學系統，各部份的曲率半徑和折射率各不相同，所以在計算時非常繁複，因此習慣上我們常將它簡單化、近似化，也就是把眼睛考慮成是一個折射率爲 1.336，曲率半徑約爲 5.73 公分的單一球面，J 爲此球面之中心，如圖 10-2所示，頂點爲主光點 H，第二焦點 F″在主光點後 22.78mm，第一焦點 F 在主光點前17.05mm 處，C 爲視網膜曲率中心，視網膜曲率半徑爲 11cm，由上之規格眼睛靜態時屈光率約爲 58.65D。

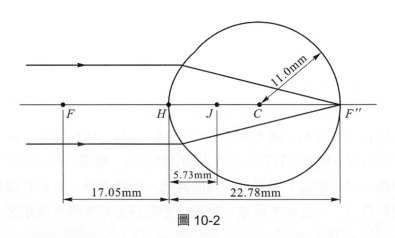

圖 10-2

　　一般人的眼睛在完全放鬆情況下，能觀測清楚的最遠的點稱為遠點(far point)，在眼睛完全緊張情況下，能觀測清楚的最近的點稱為近點(near point)，這中間的範圍是人眼的明視範圍，而 25cm 是國際訂定在正常照明下，人眼最方便最習慣的工作距離，稱為明視距離。一般眼睛的遠點可以無限遠處，近點可以明視距離的位置做為理論的依據。

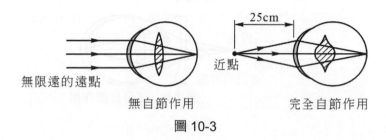

無限遠的遠點　　　無自節作用　　　完全自節作用

圖 10-3

　　當觀察不同遠近的物體時，眼睛會自動調節，改變眼睛的屈光率，屈光率以 D 表示，若 p 代表近點到眼睛的距離，r 代表遠點到眼睛的距離，則

$$\dfrac{1}{p} = P \qquad \dfrac{1}{r} = R \tag{10.1}$$

分別代表近點與遠點的屈光率，眼睛的調節能力$(\overline{A})$定義為

$$\overline{A} \equiv R - P \tag{10.2}$$

在視覺領域中一個屈光率(lD)稱為 100 度。

　　如果人眼的各部份配合的不適當，就會造成眼睛的某些缺陷，常見的有近視眼(myopic eye)、遠視眼(hyperopic eye)、散光(astigmatic eye)和老花眼(presbyopic eye)。

　　所謂近視眼簡單的說就是人眼的折光力改變或眼球變長使得遠點變近了，如圖 10-4(a)，無限遠處的遠點只能成像在視網膜之前，近視造成遠點變成了 A 點，同時會使得近點的位置往前移，小於 25cm。要如何將遠點拉回到無限遠處呢？圖(b)顯示，如果利用一凹透鏡來矯正，就可以使無限遠處的遠點經凹透鏡成像後，恰在 A 點，如此 A 點的物將清楚的被眼睛看到。凹透鏡矯正了遠點的位置，對於近點則因凹透鏡再加上部份的自節作用，使得明視距離處的近點亦落在近視近點處而被清楚看到，如圖 10-5 所示。

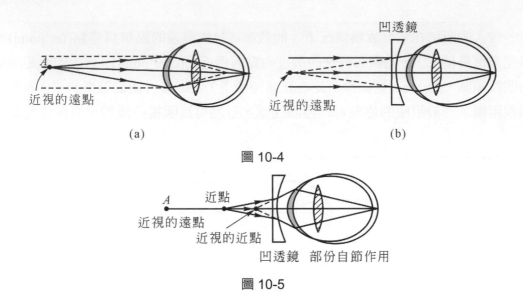

圖 10-4

圖 10-5

　　遠視眼的缺陷是人眼的折光力改變或眼球變短了使得近點變遠了，遠視近點的位置較正常近點的位置要更遠，同時會使得無限遠的遠點成像在視網膜後。遠視眼矯正的方法是用一凸透鏡使得明視距離處的近點經凸透鏡成像在遠視近點處，因此就能清楚的成像於視網膜上了，如圖 10-6。對於無限遠處遠點則因凸透鏡使得落在遠視遠點處而被清楚看到，如圖 10-7 所示。

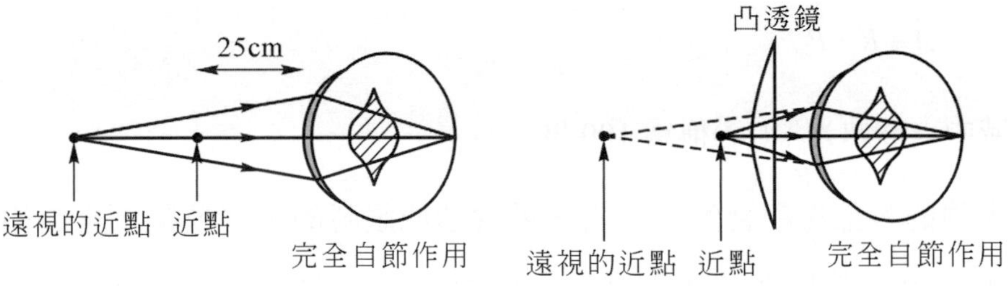

圖 10-6

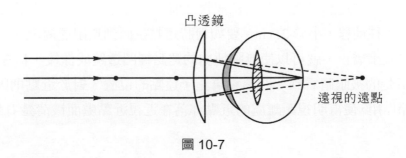

圖 10-7

另一種常見的眼睛缺陷是散光眼。這是由於角膜的曲率不均勻或者可說是曲率不對稱所造成的結果。經由散光眼所看到的物，在不同方位的子午面上會有不同的屈光率，所以造成像散的現象。若最大、最小屈光率的子午面是正交的，那麼這種散光是有規律性的，也比較好矯正，否則矯正起來十分困難。一般來講，若只有一個方位子午面的散光需矯正，我們用柱狀鏡(cylindrical lens)即可，若二個正交的子午面都需要修正，這時就有必要用到圓環狀透鏡(toric lens)了。

近點距離和遠點距離會隨著年齡而有變化，隨著年齡越來越大，人眼自節能力就越來越衰弱，近點會逐漸來越遠，調節能力的範圍也越來越小，表 10-1 是正常眼睛在不同年齡調節能力的變化，由表可知 45 歲時近點距離 $(1/3.5) \approx 0.286m$，已超過明視距離，所以 45 歲以後由於眼睛老化而形成老花眼，眼睛到了 70、80 歲後就失去了自節能力。

表 10-1

年齡	10	20	30	40	45	50	60	70	80
$P(D)$	−14	−10	−7	−4.5	−3.5	−2.5	−0.5	1.0	2.5
$R(D)$	0	0	0	0	0	0	0.5	1.25	2.5
$\overline{A}$	14	10	7	4.5	3.5	2.5	1.0	0.25	0.0

10-2　放大鏡(Magnifier)

大家應該都有這樣的經驗：當我們想要更清楚、更仔細的觀察某一物體時，會把物體越靠近我們的眼睛，這意味著物體越靠近眼睛，在視網膜上所成的像就越大(當然物的位置只限在近點之外，若在近點之內，則視網膜上的成像就模糊不清了)。關於物的遠近在視網膜上所成像的大小關係，可由圖 10-8 中看出。圖 10-8 說明了越靠近眼睛的物體，所成的像越大，此外，所成像的大小也和眼睛對物體的張角 α 成正比，但眼睛有其分辨的極限，在良好的照明下，眼睛的最小分辨角約為 1~2°，故當很細小的物體焦於近點附近仍小於眼睛的最小分辨角時，此時就必須借助放大鏡使物體放大，物體放大的像大於眼睛的最小分辨角時，眼睛就可以看清楚了。

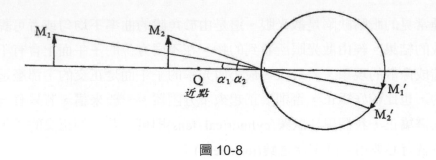

圖 10-8

　　放大鏡是一個短焦距的會聚透鏡，藉著放大鏡觀物，比只用眼睛觀物食，成像變的更大、更清楚。通常，我們把經由光學儀器看到的成像和只用眼睛觀測到的像的比值稱為光學儀器放大率 M。放大鏡的放大率可從圖 10-9 來計算。圖 10-9(a)是指用眼睛觀查明視距離(25 公分)處的物，物對眼睛的張角為 α_o，若將 y_0 高的物放置在放大鏡前 s 處，而 s 略小於透鏡的焦距，那麼我們將可得到一個正立放大的虛像 y'，y' 被眼睛看見而成像在視網膜上，其張角為 α，放大鏡的光學儀器放大率可定義為

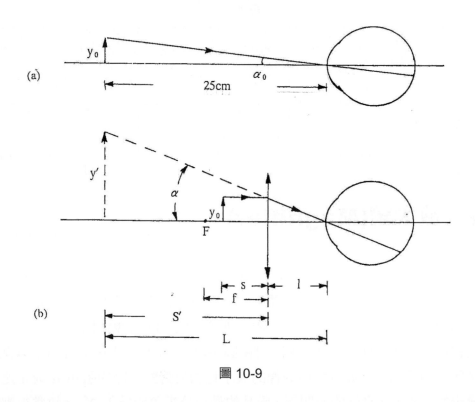

圖 10-9

$$M = \frac{\alpha}{\alpha_o} = \frac{y'/L}{y_o/25} = \frac{y'}{y_o}\frac{25}{L} \tag{10.3}$$

(10.3)式中，將放大鏡的橫向放大率關係代入可得

$$M = -\frac{S'}{S}\frac{25}{L} = \left(1 - \frac{S'}{f}\right)\frac{25}{L} \tag{10.4}$$

此外，$S' = -(L - l)$，所以

$$M = \frac{25}{L}(1 + P(L - l)) \tag{10.5}$$

(10.5)式中，P 為放大鏡的屈光率。針對(10.5)式，我們討論三種較特殊的狀況。

1.　眼睛在放大鏡的焦平面觀看，即 $l = f$，可得

$$M = 25P \tag{10.6}$$

2.　眼睛貼著放大鏡觀看，即 $l = 0$，可得

$$M = 25\left(\frac{1}{L} + P\right) \tag{10.7}$$

(10.7)式的值會隨著 L 而改變，最大值發生在 $L = 25$ 公分時，即放大鏡的虛像成在人眼的明視距離處，則

$$M = 1 + 25P \tag{10.8}$$

3.　最後一種較常發生的狀況是，物放在放大鏡的焦平面上，所以 y' 成在無限遠處，可得和(10.6)式相同的結果

$$M = 25P$$

　　放大鏡的放大率只與屈光率有關，不會因眼觀測的位置而改變。例如焦距為 10 公分的放大鏡，那麼它的放大倍率為 2.5 倍，習慣上我們寫成 2.5×，單一透鏡的放大鏡，由於像差的影響，放大倍率大約只能達到 2×～3×，若用組合透鏡組，也大致在 20× 左右。一個很有趣的現象是，放大鏡主要是放大物體，對角度是無法放大的，角度在放大鏡下看起來還是一樣的度數，使用量角器放在放大鏡上去量角度，還是維持原來的角度不變。最明顯的例子就是矩形物體的角，不管放多大還是直角。

10-3 顯微鏡(Microscope)

放大鏡的角放大倍率是有限的,所以當我們希望有更高倍率的放大物體時,就必需使用顯微鏡的幫忙,顯微鏡的放大倍率可以達千倍以上,所以在科學的領域中有更廣泛的應用。顯微鏡的結構大致如圖 10-10 所示。

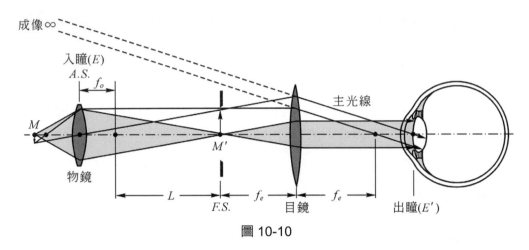

圖 10-10

顯微鏡靠近眼睛的透鏡組稱為目鏡(eyepiece),它的功能相當於是一個放大鏡,能把由前面光學系統所成的像,再一次成像在無限遠處(亦即人眼的遠點上),使觀測者看到清楚的放大物體,目鏡的放大率滿足(10.6)式

$$M_e = 25/f_e$$

顯微鏡中靠近物體的透鏡組稱為物鏡(objective),它能使物成為一個倒立放大的實像,而成像位置在目鏡的第一焦平面上,此處也正是系統視場光欄的位置。若設物鏡的第二焦點到目鏡的第一焦點距離為系統光學間隔 L,因此我們可將物鏡的放大率寫成

$$M_o = -\frac{L}{f_o} \tag{10.9}$$

顯微鏡的放大率即為 M_e 與 M_o 的乘積

$$M = -\frac{L}{f_o}\frac{25}{f_e} \cong -\frac{25}{f''} \tag{10.10}$$

其中 f' 是顯微鏡第二焦距，從(10.10)式中的負號，可知顯微鏡觀測到的是一個倒立的像，且其功能就如同一個放大鏡，只是性能較爲優異。若物鏡焦距爲 32 mm，目鏡焦距爲 25 mm，L 爲 16 cm，那麼這個顯微鏡成像的放大倍率是 50×。

顯微鏡的 N.A.值和放大率影響了系統出瞳的大小，圖 10-11 是顯微鏡像空間的示意圖，設所成的虛像爲 $\overline{AB} = y'$，

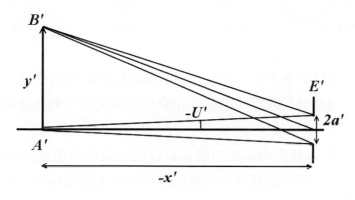

圖 10-11

出瞳的大小爲 $2a'$，因顯微鏡是小視場之系統，故 $\tan(U') \approx \sin(U')$

$$a' = x' \sin(U') \qquad (10.11)$$

顯微鏡系統應滿足阿貝正弦條件

$$n' \sin U' = \frac{y}{y'} n \sin U \qquad (10.12)$$

式中

$$y / y' = -f' / x' \qquad (10.13)$$

若 $n' = 1$，則

$$a' = -f' \, n \sin U = -f' \, \text{N.A.} \qquad (10.14)$$

將(10.10)式代入

$$a' = (25)(\text{N.A.} / M) \qquad (10.15)$$

由(10.15)式可知，由 N.A.值和放大率可以直接算出系統出瞳的大小，表 10-2 列出幾種顯微鏡規格，出瞳直徑都很小，且高倍率顯微鏡比低倍率顯微鏡的出瞳小，也比眼睛的瞳孔小很多。

表 10-2

M	1500×	600×	90×
N.A.	1.25	0.65	0.25
$2a$(mm)	0.42	0.54	2.50

　　顯微鏡多是在高倍率下工作，所以需要照明以提供足夠的亮度，同時像面上的亮度必須是均勻的，這些功能我們借助光源和聚光鏡來完成。對於透明的樣本一般有二種照明的方式：

(1)　臨界照明：這種照明系統中聚光鏡會把光源的像恰好成像在樣本上，如圖 10-12 所示，但是這樣會使成像時同時有樣本和燈絲的影像，觀測效果會較不理想。

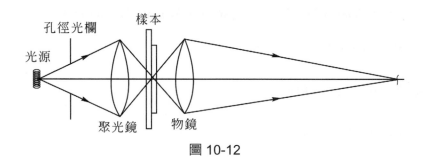

圖 10-12

(2)　柯拉照明：照明系統如圖 10-13 所示。

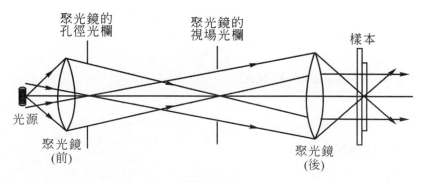

圖 10-13

圖 10-13 中，光源經過聚光鏡(前)成像在視場光欄處，再經聚光鏡(後)成像在無限遠，落在物鏡的入瞳上，而光束均勻完整通過緊鄰聚光鏡(前)的孔徑光欄，孔徑光欄經聚光鏡(後)成像在樣本上，即顯微鏡的視場光欄處，使得樣本得到均勻的照明，沒有燈絲影像的干擾。

10-4　物鏡與目鏡

　　觀測者的眼睛在顯微鏡中是系統的出瞳(E')，(參考圖 10-10)，它在系統中的共軛面為物鏡的位置，所以物鏡是系統的孔徑光欄(A.S.)，也是入瞳位置(E)。物鏡上面標示了 N.A.值和放大倍率等值，例如:40/0.65，表示放大倍率 40×，N.A.值為 0.65。對顯微鏡來說，需要有較明亮的物，所以 N.A.值相對的會比較大些，空氣中的物鏡，其 N.A.值不會大過 1，若想要有大於 1 的 N.A.值，一般可採用油液式的方法，例如 9-5 節中所提的物鏡系統，放大倍率約為 90×～100×，N.A.值約為 1.25~1.4。也因為物鏡是小視場、大口徑的光學儀器，所以系統的像差矯正十分重要，特別是顯微鏡的近軸使用，使得球差和慧差的修正要求更嚴，再兼顧軸外的像差，因此物鏡多由透鏡組構成，因使用的用途不同，物鏡系統的設計各有差異，如 11-3 節中的物鏡系統即為一例。依像差修正的情況顯微物鏡可分為下面三種：消色差物鏡：應用最廣的顯微物鏡，可以有很大的 N.A.值，像差修正以色差、球差和滿足正弦條件的慧差為主。複消色差物鏡：主要用於專業顯微鏡，高倍複消色差物鏡放大倍率約為 90×，N.A.值約為 1.23。平視場物鏡：主要用於顯微照像、顯微投影，要求成像面為平視場。

　　顯微鏡中目鏡的功能相當於是一個放大鏡，使物鏡系統所成的像，經其放大而被觀測，放大鏡的功能雖然用一片透鏡也能達成，但在品質及放大倍率上都嫌粗略不夠，因此目鏡的設計也多採透鏡組的方式，下面介紹二種常用的目鏡系統：

● **Huygens 目鏡**

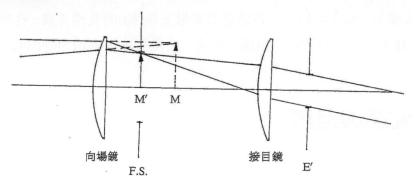

向場鏡　　　　　　　　　　接目鏡

F.S.　　　　　　　　　　　E′

圖 10-14

Huygens 目鏡已有 250 年的歷史了，但到今天它還是被普遍的採用。它的結構如圖 10-14 所示。Huygens 目鏡是由兩平凸透鏡組成，它們的平面對著觀測者，接收目鏡前面的光學系統所成的像，並恰使其落在 Huygens 目鏡的兩透鏡之間，即 M 的位置上，因此 Huygens 目鏡系統設計為虛物的放大，也因此，這個目鏡系統不能單獨當做放大鏡使用。系統中靠近眼睛的平凸透鏡稱為接目鏡(eye-lens)，靠近物鏡系統的平凸透鏡稱為向場鏡(field-lens)，其間的距離是兩平凸透鏡焦距的平均值，而接目鏡的焦距比向場鏡焦距要稍長些。虛物 M 經向場鏡成像 (M′) 在 F.S.上，此處恰是接目鏡的焦平面，所以對觀測者來說是一個遠點成像。

● **Ramsden 目鏡**

Ramsden 目鏡系統也是利用兩平凸透鏡組成，但是它們的凸面相對，如圖 10-15 所示。這個目鏡系統的第一焦點是在系統的外面，即 F.S.的位置上，所以接收目鏡前面的光學系統所成的像是一個實物，同時我們也可以在 F.S.的位置附上刻度尺，一起對向場鏡成像在接目鏡的焦平面上，然後對觀測者來說也是一個遠點成像。

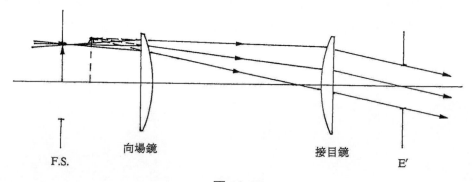

F.S.　　　　向場鏡　　　　　　接目鏡　　　　E′

圖 10-15

10-5　望遠鏡(Telescope)

　　望遠功能的光學系統其主要特點有：光學間隔 $L = 0$、系統焦距為無限大和橫向放大率與物体位置無關。望遠鏡大致來講有折射式望遠鏡(refracting telescopes)和反射式望遠鏡(reflecting telescopes)。折射式望遠鏡的形式大致和顯微鏡相似，由物鏡和目鏡系統組成，但其功能卻是將遠處的物體放大，相當於把物體「拉近了」然後被眼睛清楚的看到。

　　下面我們介紹幾種折射式望遠鏡：

● Kepler 望遠鏡

　　Kepler 望遠鏡是由二個會聚透鏡組成，物鏡是孔徑光欄的位置，出瞳是人眼觀測位置，物鏡與目鏡間的距離大致為二透鏡的焦距和，故光學間隔 $L = 0$，對一遠距離之物 M，見圖 10-16，可由物鏡成像在其焦點附近有一實像點，此處為視場光欄並可放置一刻度尺。對目鏡而言，M' 的物距通常都等於或略小於 f_e，我們可以適當的調整目鏡，使成一個清楚倒立的放大虛像 M''。

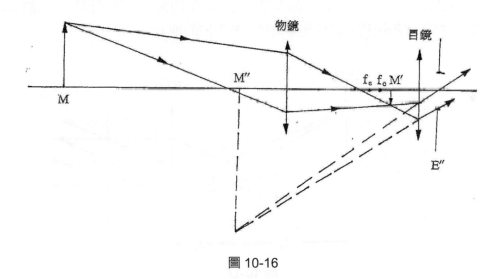

圖 10-16

　　對極遠距離的物體，其入射至物鏡的光線都已經可看做是平行光束，所以對這種無限遠的物，Kepler 望遠鏡的結構是一無焦距系統(afocal system)，也就是物鏡的焦點與目鏡的焦點重合，見圖 10-17，如此經由目鏡放大的是一個在無限遠的倒立放大虛像。至於望遠鏡的放大率亦爲其角放大率爲

$$M = -\frac{y''}{y} = -\frac{\alpha}{\alpha_0} \tag{10.16}$$

其中 α_o 是用眼睛觀測物體時的張角，y 是觀測到的像高，α 爲經望遠鏡後得到的張角，y'' 是觀測到的像高，由圖 10-17 可知。

$$\alpha_o = \frac{y'}{f_o}$$

$$\alpha = \frac{y'}{f_e}$$

故

$$M = -\frac{f_o}{f_e} \tag{10.17}$$

(10.17)式中的負值，表示得到的是一個與原物方位相反的像，且爲了得到一個放大的像，所以望遠鏡的物鏡焦距較長，這是和顯微鏡系統不同的地方。

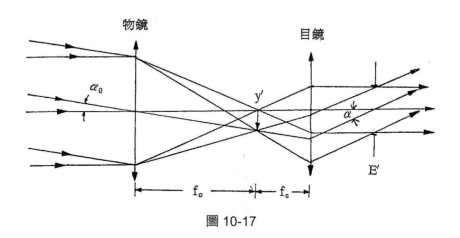

圖 10-17

● **Galilei 望遠鏡**

Galilei 望遠鏡是以眼睛瞳孔的位置設為出瞳及系統的孔徑光欄，由一個會聚透鏡(物鏡)和一個發散透鏡(目鏡)所組成的無焦距系統，物鏡的焦點與目鏡焦點重合，鏡身為$(f_o - f_e)$，如此可以縮短系統的長度而且可以得到一個與原物同方位的放大成像，放大率為

$$M = \frac{f_o}{f_e} \qquad (10.18)$$

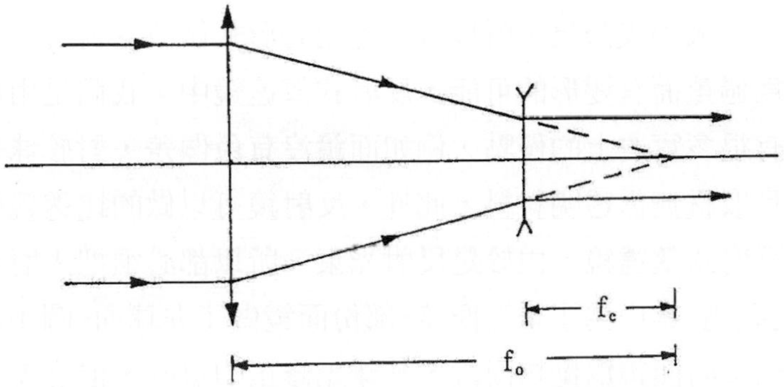

圖 10-18

Galilei 望遠鏡的優點是系統的結構很精簡，光能量損失少，成像是一正立的像，但它的缺點是成像過程中在物鏡和目鏡間沒有實像，所以無法放置刻度尺，因此對測量等工作之功能會降低。

● **稜鏡望遠鏡**

Kepler 望遠鏡造成了像的上下顛倒，這對天文觀測的用途來說，沒有什麼不方便，但對觀測地上的物體而言，成一個正立的像卻是很重要的，所以除了 Galilei 望遠鏡外，我們還可用一些其它的設計來達成這個需求，例如稜鏡望遠鏡就是其中之一，見圖 10-19。稜鏡望遠鏡是在物鏡與目鏡之間加上兩個方位垂直的 Porro 稜鏡，利用四次全反射的結果，可以得到一個正立放大虛像。此外，把兩個稜鏡望遠鏡合併在一起，就可以用雙眼同時觀測到正立的像，稱為稜鏡雙筒望遠鏡(prism binocular)。

物鏡

目鏡

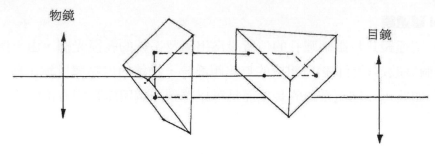

圖 10-19

　　天文望遠鏡必須要有很大的孔徑，以增加系統聚光的能力和增高解析度，有些天文望遠鏡的孔徑可以大到幾公尺，所以若以透鏡的形式做成望遠鏡，不僅在製作上在有其困難，且因為過重而有變形的可能，反射式望遠鏡中，我們是用反射面鏡來取代物鏡，這種裝置有很多實質上的優點，例如面鏡沒有色像差，對於球差的矯正比透鏡要來的容易，而且取材無需透明材料，此外，反射鏡可以做的比透鏡堅固。圖 10-20 分別圖示了幾種反射式望遠鏡，由於是反射光束，所以都必須把入射光束的一部分擋掉，才能用目鏡去觀測。其中為了矯正像差，部份面鏡做了非球面，圖 10-20 中的 Newton 反射望遠鏡第一個反射面鏡為拋物面鏡，其球差修正的很好，但慧差很嚴重，適合小視場的觀測。Gregor 反射望遠鏡與 Cassegrain 反射望遠鏡都是第一個反射面鏡為拋物面鏡，第二反射面鏡分別是橢圓面和雙曲線面。

　　反射望遠鏡設計成非球面鏡面，對軸上像差有很好的矯正，但軸外的像差都很大，因此視場的範圍受到限制，通常只有 2'~3'，為了擴大視場，可以在光路中加入軸外像差的校正板，Schmidt 校正板是一個利用近軸光束會聚，軸外光束發散，來與反射鏡面的像差匹配，來達到像差修正的目的，圖 10-20 中的 Schmidt-Cassegrain 式即是此種反射式望遠鏡。

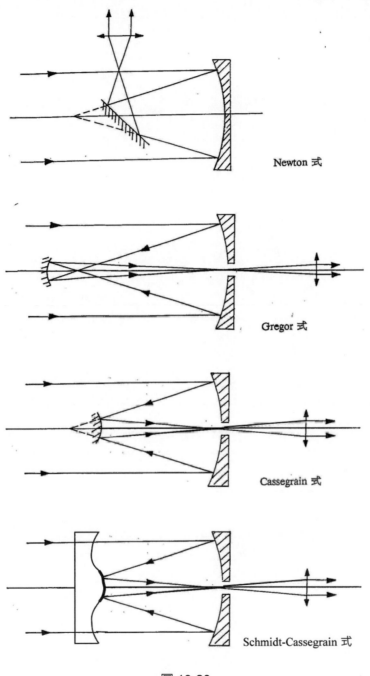

Newton 式

Gregor 式

Cassegrain 式

Schmidt-Cassegrain 式

圖 10-20

Chapter 11

光線追跡

進行光學設計或光學性質分析時，我們常常需要了解光線經過光學系統的軌跡如何，研究這個問題的方法稱爲光線追跡(ray tracing)，本章的內容就是要介紹幾種常用的光線追跡法。

11-1   *y-nu* 方法

y-nu 方法是屬於近軸光線的光線追跡法，也就是在高斯光學的條件下討論光線在光學系統中的行進路線。

光線在光學系統中的行進行爲大致可區分爲兩種過程，一爲折射過程，另一爲轉移過程。藉著不斷的重覆這兩種過程，光線即可從物點經過光學系統各介質及界面折射到像點上。以下就是我們分別對這兩個過程的討論：

● **折射過程(refracted procedure)**

折射過程討論的是光線經過球面折射前與折射後之間的關係。圖 11-1 爲任一單一球面，兩邊介質折射率爲 n 及 n'，與光軸夾 u 角度的光線入射至球面上，光線在球面上的高度爲 y，設此光線經過球面折射後，以與光軸夾 u' 的角度從球面射出。在此，我們先對 u、u' 的符號做一個規定：以光軸爲基軸向光線的方向旋轉，若爲順時針旋轉，則規定角度的符號爲正值(+)，若爲逆時針旋轉，角度符號爲負值(-)。在這個規則之下，圖 11-1 中的 u 爲負值，而 u' 爲正值。圖 11-1 中入射、出射光線和光軸的交點分別爲 M、M'，對此球面這是一對共軛點，因此滿足

$$\frac{n}{s}+\frac{n'}{s'}=\frac{n'-n}{r}$$ (11.1)

或可寫成

$$\frac{n'}{s'}=\frac{n'-n}{r}-\frac{n}{s}$$ (11.2)

將(11.2)式中的每一項乘上 y 可得

$$n'\frac{y}{s'}=y\left(\frac{n'-n}{r}\right)-n\frac{y}{s}$$ (11.3)

利用近軸的條件，(11.3)式可改寫成

$$n'u' = nu + yc(n'-n)$$ (11.4)

(11.4)式中符號的改變是因為 $y/s = -u$ 的結果。且由於計算上的需要，習慣上用曲率 c 來取代曲率半徑 r，$(c=1/r)$。

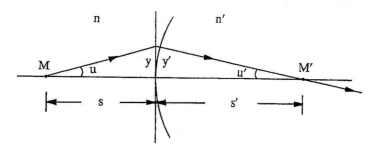

圖 11-1

● **轉移過程(transfer procedure)**

　　轉移過程討論的是光線經過球面折射後，行進到下一個球面之間的關係。假設兩球面間距離為 t，光線在第一球面上的高度 y_1 與在第二球面上的高度 y_2，兩者之間有下面的關係式

$$y_2 = y_1 - u_1't$$ (11.5)

為了能直接利用(11.4)式得出的結果，習慣上將(11.5)式改寫為：

$$y_2 = y_1 + n_1' \, u_1' \left(\frac{-t}{n'_1} \right) \tag{11.6}$$

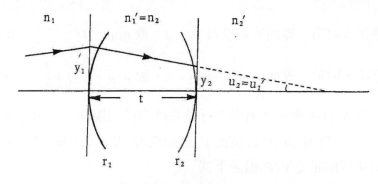

圖 11-2

　　若有一條待追蹤之光線其入射方向已知(即已知 u)，利用(11.4)式可求得經折射後的方向(即 u')，再將 $n'u'$ 代入(11.6)式中，可計算出光線在兩界面上高度的變化($y_1 \rightarrow y_2$)，反覆的使用折射及轉移這兩個式子，我們可輕易的將光線在系統中所走的軌跡追蹤出來。(11.4)、(11.6)式分別可求出光線的方向(nu)及高度(y)，因此稱此法爲 $y\text{-}nu$ 方法。

　　更簡便的用法是我們將(11.4)式和(11.6)式以列表的方式來反覆計算，這種表列法最大的優點在於計算過程有一定的規律可循，好記又不易出差錯。利用下面的例子，我們要介紹如何將 $y\text{-}nu$ 方法表格化。

例題 1

兩個相同的厚透鏡放置於空氣中，曲率半徑 $r_1 = 5.2$ 公分，$r_2 = -5.2$ 公分，折射率 $n = 1.68$，厚度 $t = 3.5$ 公分。兩透鏡頂點相距 3 公分。一物高 2 公分放置於第一透鏡頂點前 5 公分處，試用 $y\text{-}nu$ 方法求成像位置及性質。

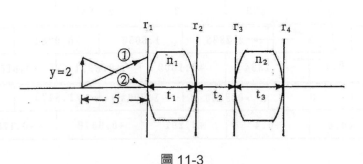

圖 11-3

y-nu 方法是利用兩條光線來決定像位置及性質：分別是由軸上的物點(物之底端)和軸外的物點(物之頂端)所發出的兩條光線，如圖 11-3 所示光線①及光線②，光線①可決定像的位置，光線②則是決定像的大小。這二條光線的起始條件為：

光線①：選擇入射第一界面的高度為 $y_1 = 2$，故 $n_1 u_1 = 1 \times \left(\dfrac{-2}{5} \right) = -0.4$

光線②：選擇入射第一界面的高度為 $y_2 = 0$，故 $n_1 \overline{u_1} = 1 \times \left(+\dfrac{2}{5} \right) = +0.4$

列表的方法如表 11-1 所示，前面 3 行是系統的已知規格，分別是：曲率(c)、兩個面間的距離(t) 及折射率(n)。將系統中每個球面以及球面間的資料分別填入對應的表格中，第 4 行為屈光率(P)滿足下式

$$P = c\,(n' - n) \tag{11.7}$$

第 5 行將兩個界面間的距離(t)除以折射率(n)之值乘負號後填入，前面 5 行是系統的基本資料，完成後即可進行光線追跡，我們將要追跡的光線列表在雙線下，光線①用(y,nu)表示、光線②用 ($\overline{y},n\overline{u}$) 表示。首先將起始條件，在第一界面上光線的高度 y 及入射第一界面的 nu 填入對應空格中，按照"舊資料乘上其正上方的數據加上其左下方的數據等於新資料，並填在右邊的空格"的規律，如表中箭頭所示，就可一一將表中空格填滿，完成光線追跡的過程。

表 11-1

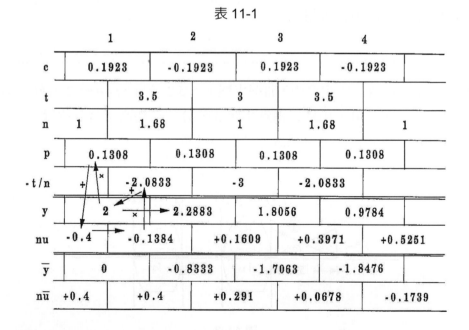

	1	2	3	4
c	0.1923	-0.1923	0.1923	-0.1923
t		3.5	3	3.5
n	1	1.68	1	1.68	1
p	0.1308	0.1308	0.1308	0.1308
-t/n		-2.0833	-3	-2.0833
y	2	2.2883	1.8056	0.9784
nu	-0.4	-0.1384	+0.1609	+0.3971	+0.5251
$\overline{y}$	0	-0.8333	-1.7063	-1.8476
$n\overline{u}$	+0.4	+0.4	+0.291	+0.0678	-0.1739

表 11-1 中的第一個計算 $[2 \times 0.1308 + (-0.4) = -0.1384]$ 相當於完成了光線①在第一個界面的折射過程[公式(11.4)　$n'u' = yc(n'-n) + nu$]，可計算出入射第二個界面的角度 $n'u'$；下一個計算 $[-0.1384 \times (-2.0833) + (2) = 2.2883]$ 相當於完成了光線①由第一個界面到第二個界面的轉移過程[公式(11.6)　$y_2 = y_1 + n_1'u_1' - (t/n_2')$]，可計算出入射第二個界面上的高度 y，如此重複運算公式(11.4)及(11.6)，即可將光線在各界面的高度及方位計算出來，將兩光線追跡的結果圖示如圖 11-4 所示。

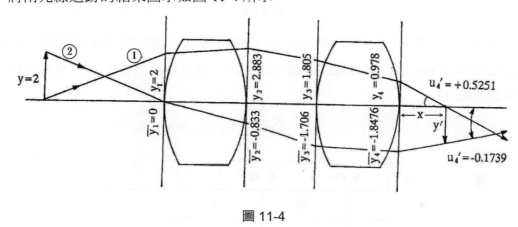

圖 11-4

由圖 11-4 中的幾何關係可求得軸上成像點距第 4 界面距離 x 及像高 y'

$$x = \frac{0.978}{0.5251} = 1.86 \text{ cm}$$

$$y' = 1.524 \text{ cm}$$

成像位於第二透鏡後 1.86 公分處，像高 1.524 公分，是一個倒立縮小的實像。

例題 2

二透鏡膠合如圖 11-5，曲率半徑分別為 $r_1 = 50$ mm，$r_2 = -50$ mm，$r_3 = \infty$，折射率為 $n_1 = 1.5$，$n_2 = 1.6$。透鏡厚度為 $t_1 = 10$ mm，$t_2 = 2$ mm。試求此系統的第二焦點與第二主光點位置？

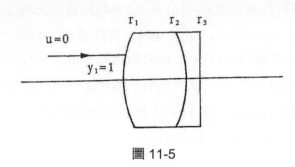

圖 11-5

解 由於第二焦點與第二主光點都是由平行光軸入射的光線定義出來的，所以可以選
取高度為 1 mm 且平行於軸的光線來做追跡，計算結果見表 11-2，光線追跡的結
果圖示如 11-6

表 11-2

	1	2	3
c	0.02	-0.02	0
t		10	2	
n	1	1.5	1.6	1
p	0.01	-2×10^{-3}	0
-t/n		-6.667	-1.25	-2.0833
y	1	0.9333	0.9231	
nu	0	0.01	8.133×10^{-3}	8.133×10^{-3}

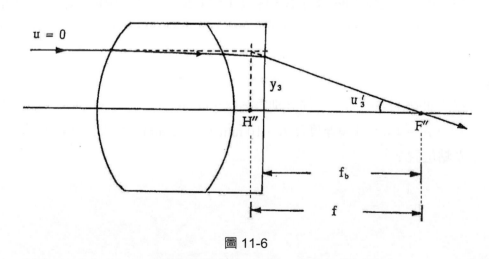

圖 11-6

因入射光線是平行光軸入射，所以在像空間交於光軸的交點即是第二焦點 F''，可由後焦距 f_b 的計算找到第二焦點位置，利用第二主光點 H'' 到第二焦點 F'' 是系統第二焦距的定義，計算 f'' 來確定第二主光點位置。

$$f_b = \frac{y_3}{u'_3} = \frac{0.9237}{8.133 \times 10^{-3}} = 113.496 \text{ mm}$$

$$f'' = \frac{y_1}{u'_3} = \frac{1}{8.133 \times 10^{-3}} = 122.951 \text{ mm}$$

由以上計算可知，第二焦點位於膠合透鏡右邊 113.496 mm 處，第二主光點在 F'' 左邊 122.951 mm 處。

11-2　矩陣法

矩陣法也是應用在高斯光學範圍內的光線追跡方法，使用矩陣的形式來代表光線的折射與轉移過程，它可使光線軌跡的計算更為簡明且容易程式化。

● **折射矩陣(refractive matrix)**

對於系統中第 k 個球面，由 y-nu 法可知入射光線與折射光線滿足(11.4)式

$$n'_k u'_k = n_k u_k + y_k c_k (n'_k - n_k)$$

若用屈光率來寫，則為

$$n'_k u'_k = n_k u_k + y_k P_k \tag{11.8}$$

因為

$$y'_k = y_k \tag{11.9}$$

y'_k、y_k 分別表示入射光在 n'、n 介質中第 k 球面上的高度。將(11.8)式、(11.9)式寫成矩陣可得

$$\begin{bmatrix} n'_k u'_k \\ y'_k \end{bmatrix} = \begin{bmatrix} 1 & P_k \\ 0 & 1 \end{bmatrix} \begin{bmatrix} n_k u_k \\ y_k \end{bmatrix} \tag{11.10}$$

令 L_k' 表第 k 球面的折射光線矩陣，L_k 表第 k 球面入射光線的矩陣，則(11.10)式可寫為

$$L'_k = R_k L_k \tag{11.11}$$

其中

$$R_k = \begin{bmatrix} r_{11} & r_{12} \\ r_{21} & r_{22} \end{bmatrix} = \begin{bmatrix} 1 & P_k \\ 0 & 1 \end{bmatrix} \tag{11.12}$$

稱 P_k 為第 k 球面的折射矩陣，此矩陣 r_{12} 元素恰為第 k 球面之屈光率。

● **轉移矩陣(transfer matrix)**

光線經第 k 球面折射後傳遞到下一個第 $k+1$ 球面，由 *y-nu* 法可知光線在行進過程中要滿足(11.6)式，且 k 球面折射後之光線角度與第 $k+1$ 球面入射光線角度相同，故滿足以下二式

$$n_{k+1} u_{k+1} = n'_k u'_k \tag{11.13}$$

$$y_{k+1} = y'_k - n'_k u'_k \frac{t_{k+1}}{n_{k+1}} \tag{11.14}$$

將(11.13)式，(11.14)式寫成矩陣形式為

$$\begin{bmatrix} n_{k+1}u_{k+1} \\ y_{k+1} \end{bmatrix} = \begin{bmatrix} 1 & 0 \\ -\dfrac{t_{k+1}}{n_{k+1}} & 1 \end{bmatrix} \begin{bmatrix} n'_k u'_k \\ y'_k \end{bmatrix} \tag{11.15}$$

或

$$L_{k+1} = T_{k+1,k} L'_k \tag{11.16}$$

其中

$$T_{k+1,k} = \begin{bmatrix} 1 & 0 \\ -\dfrac{t_{k+1}}{n_{k+1}} & 1 \end{bmatrix} \tag{11.17}$$

稱 $T_{k+1,k}$ 為 k 球面和 $k+1$ 球面間的轉移矩陣。

若一系統包含 N 個球面，反覆的使用折射矩陣及轉移矩陣，我們可對任一條光線做追跡，寫成

$$L_N' = R_N T_{N,N-1} R_{N-1} \cdots R_2 T_{2,1} R_1 L_1 = A L_1 \tag{11.18}$$

矩陣 A 稱爲系統矩陣(system matrix)。系統矩陣除了被應用在光線追跡外，矩陣本身的元素也具有重要的物理意義，下面我們就利用二個面的追跡來說明它。

假設光線入射至第 k 面，從 $k+1$ 面折射出來，那麼此光線要經過第 k 球面折射、第 k 球面到第 $k+1$ 球面的轉移及第 $k+1$ 球面的折射，所以射出的光線矩陣爲

$$L'_{k+1} = R_{k+1}\, T_{k+1,k}\, R_k\, L_k = AL_k$$

$$A = R_{k+1}\, T_{k+1,k}\, R_k$$

$$= \begin{bmatrix} 1 & P_{k+1} \\ 0 & 1 \end{bmatrix}\begin{bmatrix} 1 & 0 \\ \dfrac{-t_{k+1}}{n_{k+1}} & 1 \end{bmatrix}\begin{bmatrix} 1 & P_k \\ 0 & 1 \end{bmatrix}$$

$$= \begin{bmatrix} 1-\dfrac{t_{k+1}}{n_{k+1}}P_{k+1} & P_k + P_{k+1}-\dfrac{t_{k+1}}{n_{k+1}}P_kP_{k+1} \\ -\dfrac{t_{k+1}}{n_{k+1}} & 1-\dfrac{t_{k+1}}{n_{k+1}}P_k \end{bmatrix} \tag{11.19}$$

若將 A 矩陣的各元素以 a_{ij} 表示，則

$$A = \begin{bmatrix} a_{11} & a_{12} \\ a_{21} & a_{22} \end{bmatrix}$$

故

$$a_{12} = P_k + P_{k+1} - \frac{t_{k+1}}{n_{k+1}}P_kP_{k+1} \tag{11.20}$$

(11.20)式恰爲由第 k 和 $k+1$ 球面所構成系統的總屈光率。且

$$|A| = a_{11}a_{22} - a_{12}a_{21} = 1 \tag{11.21}$$

可用來校核計算過程是否正確。

例題 3

試用矩陣法，求薄透鏡之屈光率？設薄透鏡規格如圖 11-7 所示

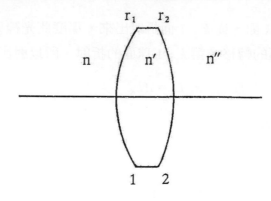

圖 11-7

解 薄透鏡的系統矩陣為：

$$a = R_2 \, T_{2,1} \, R_1 = \begin{bmatrix} 1 & P_2 \\ 0 & 1 \end{bmatrix} \begin{bmatrix} 1 & 0 \\ 0 & 1 \end{bmatrix} \begin{bmatrix} 1 & P_1 \\ 0 & 1 \end{bmatrix} = \begin{bmatrix} 1 & P_1 + P_2 \\ 0 & 1 \end{bmatrix}$$

故薄透鏡之屈光率為

$$P = P_1 + P_2 = \frac{n'-n}{r_1} + \frac{n''-n'}{r_2}$$

例題 4

求兩個間隔為 t 置於空氣中的薄透鏡系統的屈光率？設置於空氣中兩薄透鏡屈光率分別為 P_1 及 P_2。

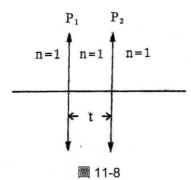

圖 11-8

解 系統矩陣為：

$$A = R_2 T_{2,1} R_1$$
$$= \begin{bmatrix} 1 & P_2 \\ 0 & 1 \end{bmatrix} \begin{bmatrix} 1 & 0 \\ -t & 1 \end{bmatrix} \begin{bmatrix} 1 & P_1 \\ 0 & 1 \end{bmatrix}$$
$$= \begin{bmatrix} 1-tP_2 & P_1+P_2-tP_1P_2 \\ -t & 1-tP_1 \end{bmatrix}$$

系統屈光率為

$$P = P_1 + P_2 - t\,P_1\,P_2$$

例題 5

試求直徑 27 公分，折射率 1.54 的玻璃圓球的焦距？第二主光點位置？

解 圓球兩球面屈光率分別為

$$P_1 = \frac{1.54-1}{13.5} = 0.04 \ (\text{cm}^{-1})$$

$$P_2 = \frac{1-1.54}{-13.5} = 0.04 \ (\text{cm}^{-1})$$

以一條高度為 10 cm 且平行於軸的光線做追蹤，則

$$L' = R_2 T_{2,1} R_1 L$$

$$\begin{bmatrix} n'u' \\ y' \end{bmatrix} = \begin{bmatrix} 1 & 0.04 \\ 0 & 1 \end{bmatrix} \begin{bmatrix} 1 & 0 \\ -\dfrac{27}{1.54} & 1 \end{bmatrix} \begin{bmatrix} 1 & 0.04 \\ 0 & 1 \end{bmatrix} \begin{bmatrix} 0 \\ 10 \end{bmatrix}$$

$$= \begin{bmatrix} 0.299 & 0.052 \\ -17.53 & 0.299 \end{bmatrix} \begin{bmatrix} 0 \\ 10 \end{bmatrix} = \begin{bmatrix} 0.52 \\ 2.99 \end{bmatrix}$$

由 $a_{12} = 0.052$ 知

$$P = 0.052 = \frac{1}{f}$$

故　$f = 19.25$ cm

$$f_b = \frac{2.99}{0.52} = 5.75 \text{ cm}$$

第二焦點在玻璃圓球後 5.75 公分處，主光點在(19.25 − 5.75) = 13.5 cm 處，此即玻璃球心的位置，系統圖如下

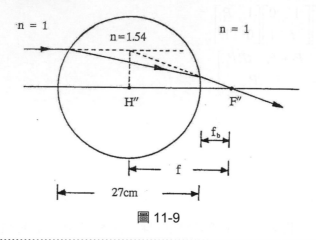

圖 11-9

11-3 *Q-U*方法

Q-U 方法是應用在真實光線追跡(real ray trace)的過程。所謂真實光線，是指光線在每一球面的折射確定以角度的正弦函數值(sinθ)來計算，而非角度(θ)本身。因此 Q-U 方法比在高斯光學範圍下追跡光線的結果有較高的準確性。Q-U 方法中，被追跡的光線必須先確定入射光線的角度 U 和高度 Q，見圖 11-10。

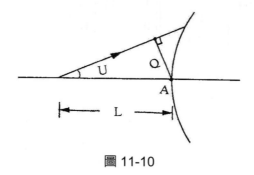

圖 11-10

角度 U 的符號規定和 11-1 節中的 u 相同，至於高度 Q 指的是球面頂點 A 到入射光線的垂直距離。由圖 11-10 可知其滿足

$$Q = L\sin(-U) \tag{11.22}$$

若是角度 U 之值為正，則取 Q 值為

$$Q = L\sin U$$

● **折射過程：**

假設球面的曲率半徑為 r，O 是其球心。入射光線以 I 入射角由 n 介質折射到 n' 介質，I' 是折射角(I，I' 角的符號定義為：以法線為軸轉向光線，逆時針轉為正，順時針轉為負，與 U 的符號規定相反)，折射後光線和光軸的夾角為 U'，高度 Q'，由圖 11-11 可知

$$Q = r\sin I + r\sin U \tag{11.23}$$

故

$$\sin I = Q\,c - \sin U \tag{11.24}$$

應用 Snell 定律得

$$\sin I' = (n/n')\sin I \tag{11.25}$$

由圖知

$$U' = U + I - I' \tag{11.26}$$

同理可得

$$Q' = r\sin U' + r\sin I' = (\sin U' + \sin I')/c \tag{11.27}$$

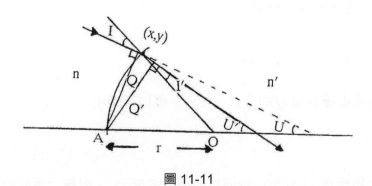

圖 11-11

從 (11.24)到(11.27)式，我們由已知的 U、Q 值計算出折射後新的的 U'、Q'值。然而我們進一步觀察(11.27)式時發現，當 r 較小(即 c 較大)時，此式的計算不會有問題，但若遇到的是一個長曲率半徑的球面，法線就幾乎與光軸平行，所以會使 I' 趨近於$(-U')$，又因 c 也趨近於 0，導致 $Q' \approx (0/0)$，而無法計算出結果。因此我們用圖 11-12 的幾何關係來修正(11.27)式，重新用其它的方法計算 Q'。

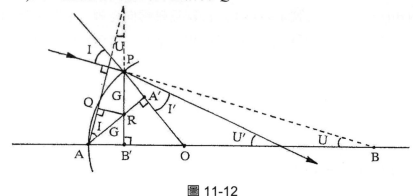

圖 11-12

參看圖 11-12，由入射點 P 做光軸的垂線 $\overline{PB'}$，過頂點 A 做法線的垂線 $\overline{AA'}$，兩垂線交於 R。因為 ΔAPO 為等腰三角形，且 $\angle B'PO = \angle A'AO$，所以 ΔAPR 亦為等腰三角形，令

$$\overline{AR} = \overline{PR} = G \tag{11.28}$$

由 R 作入射高度 Q 的垂線，則

$$Q = G\cos U + G\cos I \tag{11.29}$$

可得

$$G = Q/(\cos U + \cos I) \tag{11.30}$$

同理

$$Q' = G(\cos U' + \cos I') \tag{11.31}$$

(11.31)式即為經修正後計算 Q'的公式，任何 r 值均可適用。

● **轉移過程**

令兩球面間距離為 t，經第一球面折射後的高度 Q_1'，與第二球面的入射高度 Q_2 之間的關係式，可利用圖 11-13 的幾何關係得

$$Q_2 = Q_1' \ - \ t\sin U_1' \tag{11.32}$$

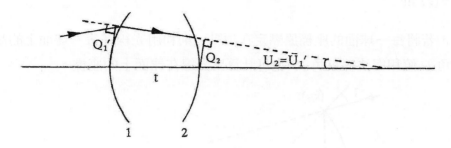

圖 11-13

和高斯光學系統的追蹤法相同，光線經一連串的折射、轉移過程，我們可以得到真實光線的軌跡，利用最後一面的 U' 及 Q'，可計算光線與光軸的交點如圖 11-14。

$$L' = Q'/\sin U' \tag{11.33}$$

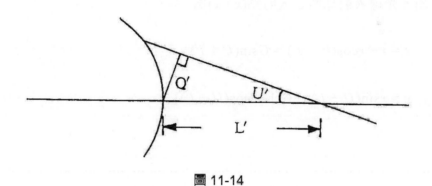

圖 11-14

我們將真實光線追蹤 Q-U 方法的應用公式歸納如下：

開始： $Q = l\sin(-U)$

折射： $\sin I = QC - \sin U$

$\sin I' = (n / n')\sin I$

$U' = U + I - I'$

$G = Q/(\cos U + \cos I)$

$Q' = G(\cos U' + \cos I')$

轉移： $Q_2 = Q_1' - t\sin U_1'$

結果： $L' = Q'/\sin U'$

此外，若將每一球面的座標原點定在頂點，則利用光線在每一球面上的高度 Q、與光軸夾角 U 值和與法線夾角 I，也可計算出光線在球面上的座標。

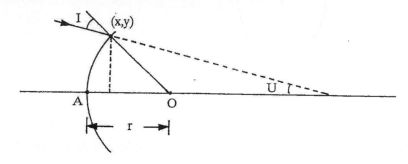

圖 11-15

由圖 11-15 知，光線入射球面之入射點$(x，y)$為

$$x = r - r\cos(U + I) = G\sin(U + I) \tag{11.34}$$

$$y = r\sin(U + I) = G[1 + \cos(U + I)] \tag{11.35}$$

例題 6

對例題 2 中的膠合透鏡，試用 Q-U 方法求系統的第二焦點及第二主光點位置。

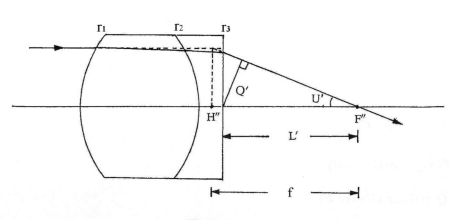

圖 11-16

開始：取 $Q = 1$，$U = 0$ 之入射光線

No.	1		2		3
c	0.02		-0.02		0
t		10		2	
n		1.5		1.6	
Q	1		0.93337		0.92322
Q'	1.000044		0.93338		0.92321
I	1.14599°		-1.45174°		-0.29127°
I'	0.76395°		0.7639°		-0.46603°
sinU	0	$6.66746×10^{-3}$		$5.08353×10^{-3}$	$8.13367×10^{-3}$
U	0	0.38202°		0.29126°	0.46603°
cosU	1	0.99998		0.99999	0.99997
G	0.50005		0.46676		0.46162
x	0.01		$-8.71046×10^{-3}$		0
y	1		0.93345		0.9232

$$L' = \frac{Q'}{\sin U'} = 113.5047 \text{ mm}$$

$$f'' = \frac{1}{\sin U'} = 122.94576 \text{ mm}$$

由以上計算可知，第二焦點位於膠合透鏡右邊 113.5047 mm 處，第二主光點在 F'' 左邊 122.94576 mm 處。與例 2 的答案比較可知，用 *y-nu* 方法做光線追跡會稍有誤差。

國家圖書館出版品預行編目資料

幾何光學 / 耿繼業, 何建娃, 林志郎編著. -- 五
版. -- 新北市 : 全華圖書股份有限公司,
2022.01
　面 ； 公分
ISBN 978-626-328-058-8(平裝)

1. CST: 幾何光學
336.3　　　　　　　　　　　111000279

幾何光學

作者 / 耿繼業、何建娃、林志郎

發行人 / 陳本源

執行編輯 / 李孟霞

出版者 / 全華圖書股份有限公司

郵政帳號 / 0100836-1 號

印刷者 / 宏懋打字印刷股份有限公司

圖書編號 / 0507204

五版二刷 / 2024 年 03 月

定價 / 新台幣 400 元

ISBN / 978-626-328-058-8(平裝)

全華圖書 / www.chwa.com.tw

全華網路書店 Open Tech / www.opentech.com.tw

若您對本書有任何問題，歡迎來信指導 book@chwa.com.tw

臺北總公司(北區營業處)
地址：23671 新北市土城區忠義路 21 號
電話：(02) 2262-5666
傳真：(02) 6637-3695、6637-3696

南區營業處
地址：80769 高雄市三民區應安街 12 號
電話：(07) 381-1377
傳真：(07) 862-5562

中區營業處
地址：40256 臺中市南區樹義一巷 26 號
電話：(04) 2261-8485
傳真：(04) 3600-9806(高中職)
　　　(04) 3601-8600(大專)

CH1 光學基本原理與發展

班級：_____
學號：_____
姓名：_____

選擇題

( ) 1. 白光經過介質後，因不同波長的光的折射率不同，將造成顏色的分散，此現象稱為：　(1)繞射　(2)反射　(3)散射　(4)色散

( ) 2. 以下何者不屬於色彩學中的三原色？　(1)紅光　(2)黃光　(3)綠光　(4)藍光

( ) 3. 下列何種材質最容易產生光色散（color dispersion）？　(1)折射率高　(2)折射率低　(3)透明度高　(4)透明度低

( ) 4. 以下何項不屬於對光波動說(wave theory)的有力觀點？　(1)光線可互相穿過，不妨礙彼此路徑　(2)光有「干涉」和「繞射」現象，這點若以光粒子說無法合理解釋　(3) 電磁波的傳播速率與光的傳播速率相同，接近 $3×10^8$ m/s (4)光的直線前進和反射現象

( ) 5. 以下何者不屬於幾何光學(geometrical optics)的探討範疇？　(1)光線在行經不同介質時的路徑改變　(2)光的反射、折射和色散等現象　(3)光的波長與儀器或物體尺寸相當的情況　(4)各種透鏡和反射鏡的成像問題

( ) 6. 以下何者對有關粒子和波的差異的敘述有誤？　(1)粒子有明確的位置描述；波則是廣泛分布　(2) 粒子可以共享空間；波具獨占性　(3)粒子有明確的行進軌跡；波可廣泛傳播

( ) 7. 以下何者不是光行經不同介質時會產生的基本現象？　(1)反射　(2)折射　(3)繞射　(4)吸收

CH2 光的傳播

班級：＿＿＿＿＿

學號：＿＿＿＿＿

姓名：＿＿＿＿＿

問答題

1. 以一針孔照相機拍照，將底片置於針孔後 5 cm 處，若要拍一棟高 15 m，寬 10 m，距照相機 30 m 的房子，則底片至少要有多大。

2. 月球與地球相距 3.840×10^5 km，將一雷射光束射向月球，需要多久才能接收到返回的訊號？(提示：考慮光速為 3.0×10^8 m/s)

3. 若兩介質折射率比為 $n_1 / n_2 = 2/3$，求光在兩介質中的速率比為多少？

4. 一光線以 θ 角入射在平面鏡上，若入射光方向保持不變，但將面鏡旋轉 α 角(如下圖中之虛線所示)，證明面鏡旋轉前與旋轉後之反射光夾角為 2α。

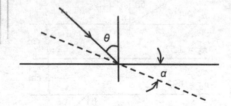

5. 一單色光以 60° 入射角，由空氣入射至折射率為 1.5 的介質表面，(1)用繪圖法求折射角　(2)用 Snell 定律求折射角。

6. 波長爲 5893Å 的黃光，自空氣中以 30°入射至一水平面上，試求折射角。此黃光折射後在水中的顏色是否改變了？假設 $n_水$= 1.33，而 1Å=$1×10^{-10}$ m。

7. 在眞空中波長爲 6000Å 的光在折射率爲 1.52 的玻璃中走了 0.5 m，求(1)所走的光程　(2)走 0.5 m 所花的時間　(3)光在玻璃中的波長。

8. 2-3 節中我們利用 Fermat 原理證明出 Snell 定律，請以同樣的方式來證明反射定律：θ_i =θ_r。

9. 一平面界面由 n 與 n'所構成，光線由 n 以 θ 角入射至界面，若希望折射率爲 1/2 θ，求 θ 値(用 n 與 n'來表示)。

10. 參看下圖，光以 60°角入射至介質層上 a 點，由底端的 b 點射出，
(1)用 Snell 定律求 θ　(2)用作圖法求 θ　(3)若 n_4 = 1，證明 θ = 60°
(4)光由 a 點至 b 點的光程爲多少？　(5)在各介質中光行進的速率爲何？
(6)若此光在眞空中波長爲 5893Å，求在各介質中的波長及頻率？

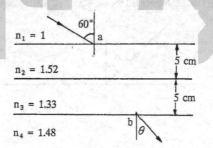

11. 光線由空氣中以 56.3° 角入射至另一個介質平面上，若折射光與反射光夾 90° 角，則該介質之折射率爲多少？(當折射光與反射光夾 90°角時，此時之入射角就稱之爲偏振角或 Brewster 角)

12. 一束白光以 60°入射至重火石玻璃上，若它對紅、黃、藍光的折射率分別爲 $n_C = 1.64357$，$n_D = 1.64900$，$n_F = 1.66270$，求　(1)紅光折射角 (2)黃光偏向角 (3)色散角　(4)色散能力　(5)Abbe 數。

13. 若有一個介質，光速在此介質中行進的速度是真空中光速的 75%，則此介質的折射率爲多少？

14. 白光經過透明物質後，因不同波長的光感受到的折射率不同，將造成顏色分散，此現象稱爲？

15. 兩鏡片 A 和 B，折射率分別 1.5 和 1.7，請問何者的透明度較高？假設兩鏡面的光吸收都可忽略。

16. 折光器(圖 2-14)的折射率 $n_g = 1.525$，$\alpha = 80°$，第二面的法線與暗場亮場分界的夾角 $\phi' = 30°$，求待測物的折射率。

17. 利用折光器的原理我們也可以用來測液體的折射率，例如將待測液體滴在稜鏡面上如下圖所示。若稜鏡的折射率 $n_g = 1.96$，$\theta = 30°$ 角入射時在 $\overline{AB}$ 面上之折射角為 $90°$，求待測液體的折射率。

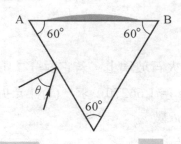

選擇題

(　　) 1. 當白光入射鏡片時，不同光線波長引起折射率變化不同而產生色散現象，反映鏡片的色散能力，通常用色散係數(又稱阿貝數-Abbe number)來表達，下列敘述何者錯誤？　(1)阿貝數的大小可用來衡量鏡片成像的清晰程度　(2)阿貝數越大，色散就越大　(3)阿貝數越小，折射率越高　(4)鏡片通常都存在色散，但在鏡片中心色散因素可忽略

(　　) 2. 有關阿貝數(Abbe number)的敘述，下列何者最正確？　(1)介質密度越高，阿貝數越大　(2)阿貝數越大，色像差(chromatic aberration)越小　(3)利用氫氣介質後所產生的藍光折射率減去紅光的折射率　(4)利用氫氣介質後所產生的折射率

CH3 光學透鏡

班級：_____
學號：_____
姓名：_____

問答題

1. 將直角稜鏡置於空氣中如圖所示，若光線由稜鏡的一邊垂直入射，在 a 點上有全反射發生，則

    (1) 稜鏡上的折射率要滿足什麼條件？

    (2) 假設稜鏡折射率為 1.52，將之置於水中，如圖(b)，是否會有全反射發生？光經稜鏡後與稜鏡面法線之夾角為多少？

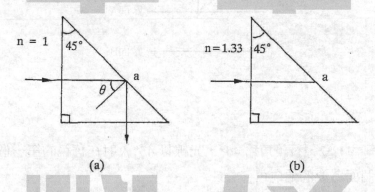

(a)　　　　　　　　　　　(b)

2. 一光線以 $60°$ 入射至一冕玻璃平行平板，平板的厚度為 10 cm，折射率為 1.52

    (1) 求出射光的平行位移。

    (2) 將一塊 10 cm 厚的重火石玻璃平行平板(折射率為 1.67)疊至冕玻璃平行平板下，求出射光的平行位移。

3. 有一玻璃箱，若玻璃厚 8 mm，其內部空間寬 35 cm，玻璃折射率為 1.525，試求在入射光線以 50°入射至玻璃箱左側邊，通過玻璃箱內部，再由右側邊射出時
(1)空箱子　(2)箱內裝滿水($n = 1.333$)時，光線的總位移量。

4. 一蛙人在海底，請問他能看到遠處海平面的商船嗎？

5. 由 n_1、n_2、n_3 構成之分層介質如圖所示，光線以 θ 角入射至界面 A 上。若光在界面 A 不會發生全反射，但在界面 B 會發生全反射，則 n_1、n_2、n_3 間之大小關係為何？

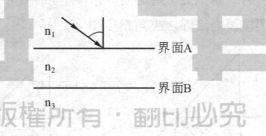

6. 稜鏡折射率為 1.52，稜鏡角為 45°，光線以 45°入射在稜鏡的第一個面上，求
(1) 第一個面造成的偏向角。
(2) 第二個面造成的偏向角。
(3) 稜鏡對光線造成的總偏向角。

7. 下圖中，光線 1、2 垂直入射在稜鏡面上，若稜鏡折射率為 1.414，求兩光線由稜鏡射出後夾角為多少？

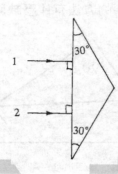

8. 某色光經過一個 60°－60°－60°的稜鏡後產生之最小偏向角為 41.5°，求
   (1) 稜鏡折射率
   (2) 光線在第一面上的入射角
   (3) 光線在第一面上的折射角
   (4) 將此稜鏡放在水中，水對該色光之折射率為 1.335，求此時的最小偏向角。

9. 藍光經過一個 60°－60°－60°的稜鏡，若稜鏡折射率為 1.52，光線以 45°入射在第一界面上，求經稜鏡後 (1)偏向角為多少？ (2)試以繪圖法驗證(1)的答案。(3)此光線在多大的入射角時，會產生最小偏向角？(4)最小偏向角為何？

10. 一個頂角為 90°的稜鏡如下圖所示，光線以 θ 角入射至 A 點，折射後在另一邊 B 點處折射，折射光延著稜鏡表面而行進 (1)證明 $n = \sqrt{1 + \sin^2 \theta}$ (2)用這種頂角為 90°的稜鏡來做為測介質折射率的方法有什麼缺點？什麼原因？(參考(1)的答案)

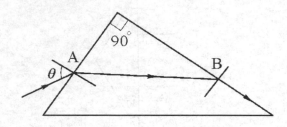

11. 兩光楔分別有 4D 及 5D 的折光能力，若希望兩光楔組合後有 7D 的折光能力，則兩光楔軸的夾角需為多少？怎麼樣才能使這光楔組合有最大的折光能力？

12. 一直視稜鏡是由冕玻璃與火石玻璃組合而成如下圖所示，若火石玻璃 $n'' = 1.72$ 且 $\alpha'' = 15°$，冕玻璃 $n' = 1.52$，試以繪圖法決定 α' 值。

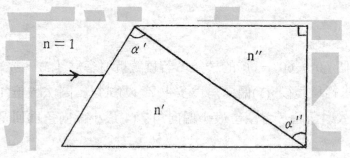

13. 放在水中的楔($n = 1.62$)要有 2D 的折光能力，則此楔需有多大的稜鏡角？

14. 將水注入水桶中，人站在桶之正上方看，感覺水桶底部似乎升高了 5 cm，求注入的水深。

15. 一錢幣放在池底，若水深 36 cm，求正上方觀測者所見錢幣的位置在何處？

16. 在水中的人觀看水面上正上方的鳥，若感覺鳥的高度為 1 m，求鳥的實際高度為何？水的折射率為 1.33。

17. Porro 稜鏡如下圖所示，並在 A-B 面及 B-C 面上鍍銀。由 A-C 面以角入射的光線在進入稜鏡後，會在 A-B 及 B-C 面反射，再經由 A-C 面折射而出。若 (1) θ =0° (2) $\theta \neq 0$°，證明入射光與出射光必為平行。

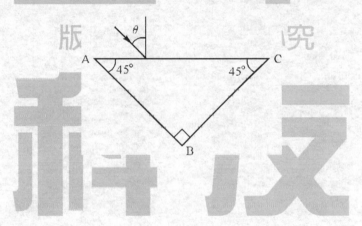

18. 直徑為 1.2 mm 的圓形光束垂直入射稜鏡，如下圖所示，若稜鏡折射率為 1.5，光束通過稜鏡後，光束的截面積為何？

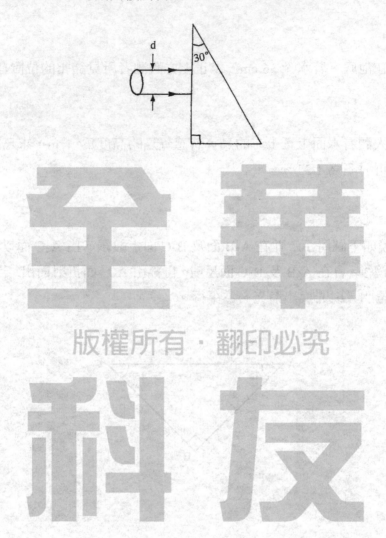

CH4 高斯球面

問答題

1.　一水槽中裝有水($n = 1.33$)及乙醚($n = 1.36$)，乙醚深 2 cm，水深 5 cm，水浮在上面，槽底有一錢幣，人站在槽的正上方觀看，他所看到的錢幣在水面下什麼位置？(提示：本題可將空氣與水，水與乙醚的界面視爲 $r = \infty$ 的球面來解)。

2.　將折射率爲 1.635 的玻璃棒左端磨成凸球面，曲率半徑爲 5 cm。一物體高 1 cm，位於球面頂點左側 12 cm 處，求
　　(1) 球面的屈光度
　　(2) 第一及第二焦距長
　　(3) 像的位置、大小及性質
　　(4) 橫向放大率
　　(5) 按比例畫圖，用平行線法求像高及位置
　　(6) 以斜線作圖法求像的位置，並驗證是否與(3)答案相符。

3.　將習題 2 的玻璃棒置於水中，重做第 2 題。($n_水 = 1.33$)

4. 將折射率 1.52 的玻璃棒左端磨成凹球面，曲率半徑大小爲 5 cm，置於空氣中。一物高 1 cm，位於棒左側 9 cm 處，求
    (1) 球面的屈光度
    (2) 第一焦距與第二焦距的比值
    (3) 像的位置、大小及性質
    (4) 橫向放大率
    (5) 按照比例以平行線法求像的位置及大小，並驗證是否與 (3)之答案相符合。
    (6) 按照比例以斜線作圖法求像的位置，並驗證是否與 (3)之答案相符合。

5. 將折射率爲 1.52 的玻璃棒磨成凹球面，如下圖所示，曲率半徑大小爲 5 cm。一物點 M 在棒內的軸上，距頂點 6 cm 處，(1)求成像位置 (2)以斜線作圖法求像的位置 (3)求橫向放大率。

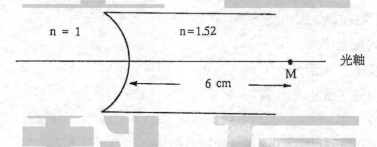

6. 將折射率爲 1.5 的玻璃棒磨成凸球面，曲率半徑爲 5 cm，玻璃棒所在的環境介質折射率分別爲 (1)$n = 1$ (2)$n = 1.33$ (3)$n = 1.48$ (4)$n = 1.72$ 時，求球面之屈光度。

7. 一曲率半徑爲 −2.0 cm 的球面，面的左邊介質折射率爲 1.6，右邊介質折射率爲 1.2，一物體高 1 cm，放在光軸距頂點左側，若物距爲 (1) 32 cm (2) 12 cm (3) 4 cm，分別用公式法及平行線法求出像的位置、大小及性質。

8. 一本書的上方有一厚 3 cm 的玻璃磚，設磚面和書的紙面平行，磚的下表面和書的距離是 12 cm，求垂直下視的觀測者所看到書中文字的位置及性質？(設玻璃折射率 $n = 1.5$)

9. 將一個折射率為 n，半徑為 r 的實心透明圓球置於陽光下，如果陽光可以在入射面對面的球面上聚焦成一個亮點，(1)球的折射率為多少？ (2)一般光學玻璃的折射率依材料不同大約在 1.5～1.9 之間，用玻璃做出的實心球可以看見上述現象嗎？什麼原因？

10. 將一個長 30 cm 的透明長棒兩端磨成球面如下圖所示，棒之折射率為 n，左端和右端球面之曲率半徑大小分別是 24 cm 及 10 cm，在棒的內部軸上中點處有一個小物體 M。一位觀測者在棒右側近軸處看此物體，所見之像成在右端球面左側 25 cm 處，如果換到棒之左側觀看，則像會在什麼位置？

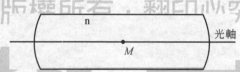

11. 直徑 30 cm 的球形魚缸內，有一隻魚位於缸內，假設玻璃厚度很薄，因此可忽略玻璃的折射作用，設 n 水=1.33，(1)若魚在軸上距頂點 1/2 半徑處，(2)若魚在軸上距頂點 3/2 半徑處,缸外觀測者所看見魚的位置應在何處？觀測到魚的放大率及性質為何？

CH5 薄透鏡

班級：＿＿＿＿＿＿
學號：＿＿＿＿＿＿
姓名：＿＿＿＿＿＿

問答題

1.　一物體位於薄透鏡左側 12 cm，所成之像在透鏡左側 4 cm 處，求 (1)透鏡的焦距 (2)透鏡的屈光率 (3)若物體高為 2 cm，求像高及其成像性質。

2.　若薄透鏡之兩個球面曲率半徑的絕對值分別為 5 cm 和 10 cm (1)這兩個球面可能組成的薄透鏡有那幾種？請用圖畫出來 (2)何者具有會聚作用？何者具有發散發散？ (3)若透鏡的折射率為 1.5，求各個透鏡的焦距。

3.　薄透鏡的折射率為 1.5，曲率半徑 $r_1 = +5$ cm，$r_2 = -10$ cm，透鏡左側的環境介質折射率為 n，右側為 n''，若 (1)$n = n'' = 1$　(2)$n = n'' = 1.33$　(3)$n = 1$，$n'' = 1.6$，分別求出透鏡的屈光率、第一及第二焦距長。

4.　一物體高 1 cm，置於習題 3 的薄透鏡左側 6 cm 處，在習題 3 之(1)、(2)、(3)的三種狀況下成像，求像的位置、大小及性質。

5.　由曲率半徑分別為 $r_1 = -10$ cm，$r_2 = +10$ cm 且折射率為 1.5 所組成的薄透鏡，分別置於 (1)空氣中 (2)折射率為 1.62 的介質中，求透鏡的屈光率及焦距長。

6.　一物體高 2 cm，置於習題 5 之薄透鏡左側 12 cm 處，求像的位置、大小及性質。

7. 分別用 (1)平行線作圖法求像的位置及大小 (2)斜線作圖法求像的位置，重做習題 6。

8. 實物對一薄透鏡產生一個實像，若物與像之間的距離為 15 cm，且像高為物高的 4 倍，求此透鏡的位置及焦距長。

9. 置於空氣中的薄凸透鏡，兩焦點之間的距離為 10 cm，若將一物體放在第一焦點右方 3 cm 處，求像的位置。

10. 雷射光所發出的光束可視為是一個平行光，直徑大約在 1~2mm 之間，在實際的應用上，我們常常需要用到較寬的平行光束。若要將直徑為 2 mm 的平行光束擴大成直徑為 10 mm 的平行光束 (1)現已有一個焦距為 −10 cm 的凹透鏡，還需要一個什麼樣規格且與現有透鏡如何配置的透鏡才能滿足上述要求？ (2)畫出上述系統的光路圖。

11. 曲率半徑分別為 $r_1 = +10$ cm，$r_2 = -10$ cm，折射率為 1.5 的薄透鏡，透鏡左側的環境介質為水($n = 4/3$)，右側為空氣，一物體長 2 cm，沿著光軸的方向放，頭指向透鏡且距透鏡 10 cm，求 (1)縱向放大率 (2)像的長度、方向及性質。

12. 三個焦距均為 10 cm 的薄透鏡排在同一軸上，透鏡間隔都為 10 cm，一物體位在第一個透鏡左側 30 cm 處，分別用 (1)公式法 (2)作圖法 求像之位置及性質。

13. 若物體高度為 2cm，分別用 (1)公式法 (2)作圖法 重做習題 12，求像之高度。

14. 三個焦距分別為＋20 cm、－15 cm 及＋20 cm 的薄透鏡排在同一軸上，透鏡間隔都為 10 cm，一物體位在第一個透鏡左側 40 cm 處，分別用 (1)公式法 (2)作圖法 求像之位置及性質。

15. 若物體高度為 2cm，分別用 (1)公式法 (2)作圖法 重做習題 14，求像之高度。

16. 一平凸薄透鏡(設平面在左，曲面在右)之焦距為 25 cm，折射率為 1.5 (1)計算此透鏡曲面的曲率半徑 (2)有一個邊長為 1 cm 的正方形，左右兩側之位置分別在薄透鏡的左邊 30 cm 及 29 cm，上下對稱於光軸 (1)計算像的位置及性質 (2)所成的像還是正方形嗎？畫出像的形狀。

17. 兩個薄透鏡組合成一個光學系統，透鏡的曲率半徑分別為 $r_1 = 12$ cm，$r_2 = -18$ cm，折射率為 1.56；透鏡的曲率半徑分別為 $r_1 = -30$ cm，$r_2 = 20$ cm，折射率為 1.65，將此兩透鏡膠合，求系統的屈光率及焦距長？

18. 將一個折射率為 1.5，屈光率為＋2D 的薄透鏡放入某個液體中，若屈光率變成 －2D，此液體的折射率為多少？

19. 若物體與螢幕相距 L，兩者中間擺上一個焦距為 f 的透鏡，若移動透鏡的位置，則可在螢幕上產生兩次的實像(一大一小)，兩實像相距 d，證明 (1) $d = \sqrt{L(L-4f)}$ (2)兩實像的大小比值為 $(\dfrac{L-d}{L+d})^2$ (3) $L \geq 4f$。

(請沿虛線撕下)

20. 一物體對焦距為 f 的透鏡成像在螢幕上，此時透鏡與螢幕的距離為 20 cm，若透鏡保持不動，但將物體向右對透鏡靠近了 5 cm 後，螢幕必須向右移動 10 cm 才能看到清楚的像，此透鏡之 f 值為多少？

21. 兩個焦距均為 10 cm 且相距 d 的薄透鏡組合成一個光學系統，若 (1)$d=16$ cm (2)$d=0$ cm，分別用公式及作圖法求此光學系統的第二焦點位置。

22. 折射率為 1.5，兩曲率半徑大小都為 10 cm 的雙凸透鏡，厚度為 d，若 (1)$d=5$ cm (2)$d\sim0$ cm (薄透鏡的條件)，分別用公式及作圖法求此透鏡之第二焦點位置。並由對鏡心的距離來比較兩者之間的差異。

CH6 厚透鏡

班級：＿＿＿＿＿＿

學號：＿＿＿＿＿＿

姓名：＿＿＿＿＿＿

問答題

1.　圖中三個透鏡的形式完全相同(兩個面是對稱的)，但厚度不同，請根據光路圖分別求出各個透鏡的兩個焦點及兩個主光點的位置。

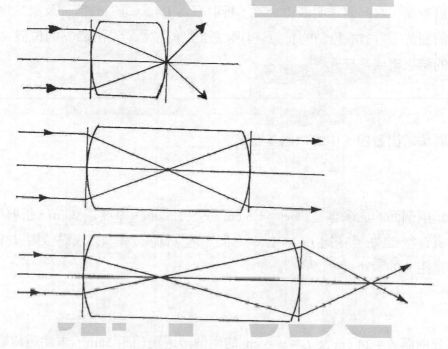

2.　直徑為 20 cm 的吉普賽水晶球，折射率為 1.5，一物位於球左側 1.2 m 處，求像的位置。

3. 曲率半徑為 5.2 cm 的平凸透鏡，折射率 1.68，厚度為 3.5 cm，求此透鏡的 (1)焦距長 (2)屈光率 (3)頂點至兩焦點的距離 A_1F 及 A_2F'' (4)頂點至兩主光點的距離 A_1H 及 A_2H''。

4. 用作圖法重做習題 3，求出兩焦點及主光點的位置。

5. 厚透鏡的厚度為 4.6 cm，折射率 1.6，兩個面的曲率半徑為 $r_1 = 4$ cm，$r_2 = -2$ cm，左側為空氣，右側為透明液體介質，折射率為 1.42，求 (1)第一及第二焦距長 (2)透鏡的屈光率 (3)兩焦點的位置 (4)兩主光點的位置 (5)兩節點的位置 (6)將以上計算的結果畫成系統圖。

6. 以作圖法求出習題 5 中的六個基點來。

7. 厚透鏡兩個面的曲率半徑為 $r_1 = 1.5$ cm、$r_2 = 1.5$ cm，厚度為 2 cm，折射率為 1.6，若放置在空氣(左邊)和水($n = 1.33$)之間，求 (1)屈光率 (2)焦點位置 (3)前焦距 f_f 及後焦距 f_b 的大小(4)節點位置。

8. 焦距分別為 $f_1 = 24$ cm 及 $f_2 = -6$ cm 的兩個薄透鏡相距 5cm，求此透鏡組合的 (1)焦距長 (2)屈光率 (3)兩主光點及焦點位置 (4)畫成系統圖。

9. 以作圖法找出習題 8 中的六個基點位置。

10. 目鏡(Romsden eyepiece)系統如圖，相關資料為

$r_{11}=\infty$，$r_{21}=17.51$ mm

$r_{12}=-19.7$ mm，$r_{22}=\infty$

$d_1=4.24$ mm，$d_2=2.97$ mm

$n_1=1.517$，$n_2=1.517$

$\overline{A_{12}A_{21}}=21.16$ mm

求 (1)屈光率 (2)焦距長 (3)基點位置 (4)一物在 A_{11} 左邊 5mm 處，求成像位置及性質。

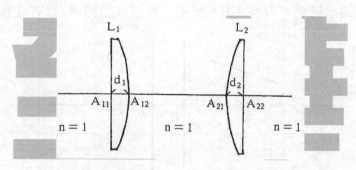

11. 圖中的 M 為物點，根據所給的 H、H''、F 以及 F''，用作圖法求出像的位置，其中 H H'' 分別為光學系統的第一及第二主光點；F 以及 F'' 分別為第一及第二焦點。

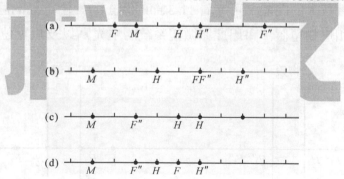

12. 根據圖中所給的 H、H''、F 以及 F''，用作圖法求長方形 $ABCD$ 的像。

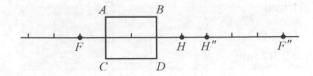

13. 圖中 I 為入射光，若光經系統後之出射光為 I''，根據所給的 H、H''、F 以及 F''
    (1)用作圖法畫出射光 I''　(2)畫出系統第一及第二節點 N 及 N'' 之位置

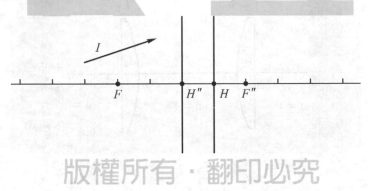

14. 顯微鏡系統是由短焦距的物鏡和目鏡所組成，而且物鏡的第二焦點與目鏡的第一
    焦點之間有著較大的間隔，可參看 11-3 節的圖 11-7。由下面的圖中所給物鏡和目
    鏡之主光點和焦點位置，畫出此顯微鏡系統的主光點以及焦點位置。

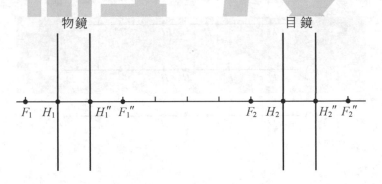

CH7 球面鏡

問答題

1.　某人高 1.8 m，如果希望藉由鏡子來看到自己的全身，他至少需要用到多長的平面鏡才行？

2.　高 3 cm 的物體放在曲率半徑為 −8 cm 的球面鏡左側 12 cm 處，求像的位置、大小及性質。

3.　一物體放在凹面鏡左側 6 m 處，若希望得到一個放大率為 1/5 的像，則面鏡的曲率半徑要為多少？

4.　高 2 cm 的物體放在焦距為+50 cm 的透鏡左側 100 cm 處，透鏡右方 200 cm 遠處有一個平面鏡 (1)求像的位置、大小以及性質 (2)以作圖法求像的位置、大小以及性質。

5.　一物放在曲率半徑為+10 cm 的面鏡左側 8 cm 處 (1)環境介質為空氣，求像的位置 (2)若環境介質改為水，求像的位置。比較兩種狀況的成像位置是否不同？

6. 在各個科學展示館中，常可以見到一種可調整曲率的金屬反射亮板，若有一個人站在反射板前 5m 處 (1)該怎麼調整反射板的曲率半徑，才可以讓那個人看到自己清晰的像？ (2)若將曲率半徑調整到 $r= -6$ m，反射面前什麼範圍內的人才可以看到自己清晰的像？

7. 若一個球面鏡之 $r=-20$ cm，當橫向放大率為 (1)+1 (2)+5 (3)∞ (4) -1 (5) -5 時，物距與像距為多少。

8. 一薄透鏡的曲率半徑為 $r_1 = -6$ cm，$r_2 = -12$ cm，折射率為 1.52，放在空氣中，若在第二面上鍍銀，求此系統的焦距長及屈光率。

9. 將一焦距為 -12 cm 的薄透鏡放在球面鏡左側 2 cm 處，面鏡的曲率半徑為 -9 cm，求此系統的 (1)屈光率 (2)焦距長 (3)主光點及焦點的位置。

10. 用作圖法畫出習題 7 的主光點及焦點位置。

11. 將高為 1 cm 的物體放在習題 7 中透鏡左側 10 cm 處，求像的位置、大小及性質。

12. 用作圖法重做習題 9。

13. 曲率半徑為 5 cm，折射率為 1.5 的玻璃球，有半個球面鍍上金屬，若高 2 cm 且平行於光軸的光線從透明表面入射　(1)以作圖法畫出此光線經過系統的軌跡圖　(2)由(1)所畫的光路圖中標示出 F 及 H 位置　(3)用數字詳細計算 F 及 H 的位置，並與(2)之答案做比較。

14. 7-3 節的例題 4 中，厚透鏡的厚度為 4.5 cm，$r_1 = -6$ cm，$r_2 = -12$ cm，折射率為 1.72，第二面鍍金屬做為反射面鏡。若所鍍的銀的厚度很薄 (稱之為薄膜，thin film)，使得光入射在薄膜上時，有 50%的光反射，50%的光可穿過膜層而過(稱之為分光，beam split)。一物體高 2 cm 位於厚透鏡左邊頂點 12 cm 處　(1)分別求出反射光與穿透光所成之像的位置、大小及性質　(2) 分別求出系統對反射光與穿透光的第二焦點位置。

CH8 像差

班級：＿＿＿＿＿

學號：＿＿＿＿＿

姓名：＿＿＿＿＿

問答題

1. 半徑為+10 cm 的凸球面，兩邊介質折射率分別為 1 及 1.5，試找出此系統滿足無球差及慧差的共軛點。

2. 在上題球面系統中，若球面直徑 4 cm，則一平行光所造成的縱向及橫向球差值為何？

3. 定義透鏡的形狀因子 σ 為

$$\sigma = \frac{r_2 + r_1}{r_2 - r_1}$$

若將一焦距為 10 cm，折射率為 1.5 的薄透鏡 "bending" 成 $\sigma = -2$、-1、0、$+1$、$+2$ 等各種不同的形狀，分別寫出各形狀的曲率半徑值並畫出薄透鏡的形狀。

4. 利用 520636 的冕玻璃和 617366 的火石玻璃設計一無色像差且焦距為 15 cm 的兩片膠合透鏡系統，並求各透鏡的曲率半徑值。

CH9 光欄

班級：＿＿＿＿＿＿
學號：＿＿＿＿＿＿
姓名：＿＿＿＿＿＿

問答題

1.　兩個相距 5 cm 的薄透鏡其焦距分別為 $f_1 = 9$ cm，$f_2 = 3$ cm，透鏡孔徑分別為 6 cm 及 4 cm，一個直徑為 1 cm 的光欄放在透鏡之間，距第二個透鏡 2 cm 處，軸上有一物點在第一個透鏡左側 12 cm 處，求 (1) 孔徑光欄　(2) 入瞳　(3) 出瞳的位置及大小。

2.　習題 1 中的物高 1 cm，以主光線及邊緣光線來求出像的大小及位置。

3.　一焦距為 5 cm，孔徑 8 cm 的薄透鏡，放在另一個焦距為 -10 cm，孔徑 6 cm 的薄透鏡左側 4 cm 處，一物高 4 cm，其中心點在軸上，位於第一個透鏡左側 12 cm。將一直徑為 5 cm 的光欄放在兩透鏡中央，試分別用計算及作圖的方式求

(1)　入瞳　(2)　出瞳　(3)　像的位置及大小

(4)　畫出系統的主光線和邊緣光線

(5)　求視場光欄、入窗、出窗的位置及大小

(6)　計算孔徑角及視場角

4. 一透鏡系統如圖所示，用作圖法求 $\overline{MQ}$ 經此系統後成像的位置及大小。

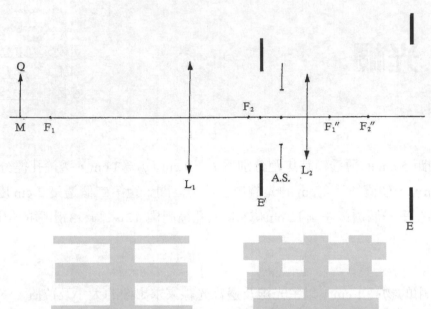

5. 圖中，透鏡 L_1 及 L_2 的孔徑一樣大，若物在 L_1 左側，用做圖法求此系統的孔徑光欄、入瞳及出瞳的位置。

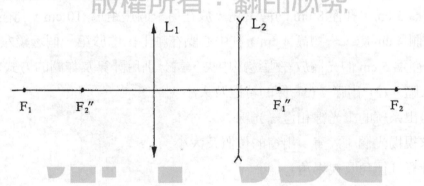

6. 孔徑 4 cm 的出瞳位於球面鏡左側 8 cm 處，面鏡的曲率半徑爲 14 cm。3 cm 高的物體(其中心在軸上)放在鏡左 5 cm 處，用作圖法求 (1)入瞳的位置及大小 (2)物成像的大小及位置 (3)若能由出瞳看到所有的物，所需面鏡的最小直徑。

7. 一薄凸透鏡的孔徑為 4 cm，焦距為 8 cm，在它左側 2 cm 處放一直徑為 2 cm 的光欄，若 (1)軸上物點位於透鏡左側 6 cm 處 (2)軸上物點位於透鏡左側 3 cm 處，試求上述兩種情況下的孔徑光欄、入瞳及出瞳的位置和大小。

8. 一個望眼鏡系統包含了物鏡(objective)及目鏡(eyepiece)系統。若一望眼鏡之目鏡焦距 f_c = 7 mm，眼睛在目鏡後 8 mm 處，直徑 2 mm，物鏡在目鏡的入瞳位置上，而兩透鏡的焦點重合(參看圖)，此面為視場光欄位置，直徑 4 mm(F.S.相當於物鏡系統的成像面)，求 (1)物鏡的焦距長及直徑大小 (2)望眼鏡系統的焦距長 (3)畫出此望眼鏡系統的主光線和邊緣光線 (4)此系統的視場角為何？

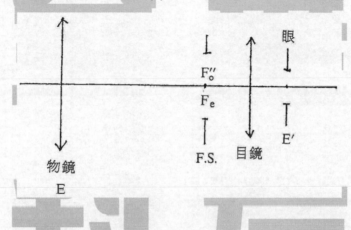

9. 一照相機物鏡的焦距為 12 cm，F 數值為 5.6，求此物的入瞳直徑。如果在 F/5.6 時，對某一景物合適的曝光時間是 $\frac{1}{100}$ 秒，求在 F/2.8 時，拍攝同一景物的合適曝光時間是多少？

CH10 光學儀器

班級：＿＿＿＿＿
學號：＿＿＿＿＿
姓名：＿＿＿＿＿

問答題

1. 某人眼睛的遠點為眼前 100 cm，為了看清楚無窮遠處的物體，他需要戴什麼樣的眼鏡？

2. 某人眼睛的近點為眼前 50 cm 處，什麼樣的透鏡才能使他看清楚眼前 25 cm 處的物體？

3. 某人戴屈光率為－0.2D 的眼鏡恰好適合，求他不戴眼鏡時的遠點為多少？

4. 某人戴屈光率為+1D 的眼鏡恰好適合，求他不戴眼鏡時的近點為多少？

5. 將物體放在放大鏡的焦平面上時，所看到的物體放大了 2 倍，求此放大鏡的焦距長。

6. 近視的人都要戴眼鏡才能看得清楚，若將一紙板挖一個很小的洞，將眼睛貼近洞口，卻也可以看得清楚遠處的東西，試說明原因。

（請沿虛線撕下）

7. 顯微鏡物鏡到目鏡距離為 16 cm，物鏡焦距為 16 mm，若希望像的放大倍率為 100X，則目鏡的焦距需為多少？

8. 一望遠鏡的目鏡焦距為 5 cm，長度為 2.05 m，求此望遠鏡的放大率。

9. (1) 一個 Ramsden 目鏡系統中，若向場鏡焦距為 2 cm，接目鏡焦距為 2 cm，兩透鏡間的距離亦為 2 cm，求此目鏡的焦距？
   (2) 若望遠鏡的物鏡焦距為 40 cm，直徑為 5 cm，試計算望遠鏡的放大率。
   (3) 計算此系統出瞳的位置及大小。(請參考第 9 章習題 8)

CH11 光線追蹤

班級：＿＿＿＿＿＿
學號：＿＿＿＿＿＿
姓名：＿＿＿＿＿＿

問答題

1. 厚度為 5 cm 的透鏡，折射率為 1.5，曲率半徑 $r_1 = -10$ cm，$r_2 = +10$ cm，透鏡左側的環境介質為空氣，右側為水($n = 1.33$)，一物高 1 cm，距透鏡第一個面左側 12 cm 處，用 y-nu 方法求像的 (1)位置 (2)大小 (3)性質 (4)求此厚透鏡的第二焦點及第二主光點位置。

2. 試用矩陣法重做習題 1，並驗證兩種方式的答案是否相符。

3. 用 Q-U 方法求習題 1 中，厚透鏡的第二焦點及第二主光點位置。

4. 三個焦距都為 10 cm 的薄透鏡，透鏡間相距均為 2 cm，此透鏡組合置於空氣中，一物高 1 cm，位於第一個透鏡左側 12 cm 處，試用 y-nu 方法求像的 (1)位置 (2)大小 (3)性質。

綜合練習題(選自國家考試幾何光學相關試題)

選擇題

(　　) 1. 有關折射率的敘述，下列何者錯誤？
(A)紅光的折射率比藍光小　　　(B)冕牌玻璃(crown glass)的折射率為 1.523
(C)角膜的折射率為 1.376　　　(D)光在折射率大的介質中傳播速度較快。

(　　) 2. 有關折射率的敘述，下列何者錯誤？
(A)和介質組成有關
(B)在眞空以外的介質，光的速度越快，折射率越小
(C)在眞空以外的介質，波長越長，折射率越大
(D)全反射發生在光線由高折射率的介質進入低折射率的介質時。

(　　) 3. 若有一個介質，光速在此介質中行進的速度是眞空中光速的 80%，則此介質
之折射率為多少？
(A) 0.8　(B) 1　(C) 1.25　(D) 1.80。

(　　) 4. 已知光線在某鏡片中的速度為水中的 5/6 倍，則該鏡片的折射率為？
(A)1.1　(B)1.5　(C)1.6　(D)1.7。

(　　) 5. 光線進入眼球後，經過的介質中，在何者的行進速度最慢？
(A)角膜　(B)前房　(C)水晶體　(D)玻璃體。

(　　) 6. 光線以入射角 10 度，從折射率 1 的空氣進入一介質(medium)，若測得折射角
為 5 度，則此介質折射率最接近下列那個數字？
(A) 0.50　(B) 2.00　(C) 5.50　(D) 3.20。

(　　) 7. 一−3.00 D 的薄新月形玻璃凹透鏡，鏡片一邊的表面曲率半徑為 10 cm，另一
邊表面曲率半徑為 25 cm，此鏡片材質的折射率為多少？
(A)0.67　(B)1.0　(C)1.5　(D)1.7。

(　) 8. 有一薄透鏡折射率為 1.50，在空氣中的屈光力為+5.00 D，若將它浸入某種液體中，屈光力改變為-1.00 D，則此液體的折射率為何？

(A) 1.48　(B) 1.52　(C) 1.56　(D) 1.60。

(　) 9. 用一個−3.00 D(diopter)的凹透鏡片看一個直徑 40 cm 的圓形時鐘，若放在距離時鐘 1 m 處，則看到的時鐘直徑大小為何？

(A) 5 cm　(B) 10 cm　(C) 15 cm　(D) 20 cm。

(　) 10. 以針孔相機攝影，已知一樹高 200 cm，位於針孔相機左方 4 m 處，經過一長度為 10 cm 的針孔相機後成像，其成像高度為何？

(A) 5 cm　(B) 10 cm　(C) 15 cm　(D) 20 cm。

(　) 11. 有關眼鏡鏡片的像差，下列何者正確？

(A)球面像差是因為鏡片在邊緣的部分發生折射的程度較中心小

(B)彗星像差是因為距離光軸越遠的位置，偏離實際焦點的位置越少

(C)正鏡片將呈現枕狀畸變

(D)斜向散光的像差為單一個點。

(　) 12. 在設計眼鏡的鏡片中，下列何者像差最不重要？

(A)慧差(coma)　　　　　　　　(B)場曲(curvature of field)

(C)畸變(distortion)　　　　　　(D)斜散光(oblique astigmatism)。

(　) 13. 有關色像差(chromatic aberration)的敘述，下列何者錯誤？

(A)單一波長光無此現象

(B)介質之阿貝值(Abbe number)越小，表示其產生之色像差越小

(C)經由稜鏡產生之色散，短波長光產生之折射較多

(D)經由稜鏡產生之此現象，稱為側色像差(lateral chromatic aberration)。

(　) 14. 有關阿貝數(Abbe number)的敘述，下列何者最正確？

(A)介質密度越高，阿貝數越大

(B)阿貝數越大，色像差(chromatic aberration)越小

(C)利用氫氣介質後所產生的藍光折射率減去紅光的折射率

(D)利用氫氣介質後所產生的折射率。

(　　) 15.　關於鏡片色散(dispersion)的敘述何者錯誤？

(A)高折射率材質的鏡片比較容易產生色散

(B)低折射率材質的鏡片阿貝數(Abbe number)較低

(C)將兩個色散率不同的鏡片結合，可以減少色像差(chromatic aberration)

(D)消色像差雙片組的兩透鏡中一具正屈光力，另一則具負屈光力。

(　　) 16.　當光線通過一針孔時，光線不會呈現線性行為，而會出現下列那一種常見現象？

(A)反射(reflection)　　　　　　　(B)繞射(diffraction)

(C)折射(refraction)　　　　　　　(D)散射(scatter)

(　　) 17.　一束白光經過一鏡片後分散成不同顏色光束，請問偏離法線由遠而近的順序下列何者正確？

(A)紅色、黃色、藍色　　　　　　(B)藍色、黃色、紅色

(C)黃色、紅色、藍色　　　　　　(D)藍色、紅色、黃色。

(　　) 18.　厚透鏡之焦點決定於

(A)前弧屈光度、後弧屈光度、透鏡厚度及物距

(B)前弧屈光度、後弧屈光度、透鏡厚度及其折射率

(C)物體光線之強度、入射角、反射角及物距

(D)物體光線之強度、入射角、反射角及透鏡厚度。

(　　) 19.　一片薄的冕玻璃鏡片，折射率為 1.52，前表面曲率半徑為+8.00 公分，後表面曲率半徑為-10.00 公分，其屈光度為何？

(A) +11.7 D　　(B) +1.3 D　　(C) −11.7 D　　(D) −1.3 D。

(　　) 20.　下列關於調節的敘述何者正確？

(A)眼睛所能產生的最小調節力稱為調節幅度

(B)調節幅度隨年紀增加而增加

(C)眼睛在調節放鬆狀態下可以看到的最遠點稱為遠點，在最大調節時可以看清的最近點稱為近點。遠點與近點的間距為調節範圍

(D)眼睛在最大調節狀態下可以看到的最遠點稱為遠點，在調節放鬆時可以看清的最近點稱為近點。遠點與近點的間距為調節範圍。

(　) 21. 關於 Galilean 望遠鏡及 Keplerian 望遠鏡，下列何者正確？

(A)前者物鏡為正透鏡，後者物鏡為負透鏡

(B)前者目鏡為負透鏡，後者目鏡為正透鏡

(C)前者為倒像，後者為正像

(D)前者視場(field of view)較大，後者視場較小。

(　) 22. 有一個伽利略望遠鏡(Galilean telescope)包含一個+2.00 D 的物鏡及一個－10.00 D 的目鏡，請算出它的放大率為多少？

(A) +15X　　(B) +20X　　(C) +25X　　(D) +5X。

(　) 23. 平行光束經凹透鏡折射可成為下列何種光束？

(A)像散光束　　(B)平行光束　　(C)會聚光束　　(D)發散光束。

(　) 24. 光由光疏介質進入光密介質，下列何者正確？

(A)折射角會等於入射角　　　　　(B)折射角會大於入射角

(C)折射角會小於入射角　　　　　(D)光會反射。

(　) 25. 下列何者不是一個良好的鏡片必須具備的特點？

(A)不可以有氣泡及雜質

(B)耐用且防刮

(C)重量輕以增加配戴的舒適性

(D)低阿貝數(Abbe number)以避免高色散，影響成像品質。

(　) 26. 光在不同介質中行進時，傳播速度可能改變，下列敘述何者正確？
①在真空中傳播速度最慢　②在玻璃中傳播速度較在空氣中快　③在空氣中傳播速度較在水中快　④在真空中傳播速度較在水中快

(A)①②　　(B)①③　　(C)③④　　(D)②④。

(　) 27. 下列何者有可能發生全反射？

(A)當光線由水($n = 1.33$)進入空氣($n = 1$)

(B)當光線由空氣($n = 1$)進入水($n = 1.33$)

(C)當光線由水($n = 1.33$)進入玻璃($n = 1.52$)

(D)當光線由空氣($n = 1$)進入玻璃($n = 1.52$)。

( ) 28. 有一個新月形的薄凸透鏡在空氣中，此透鏡折射率為 1.5，前、後表面曲率半徑為 5 cm 和 10 cm，則此透鏡的屈光力為多少？

(A) +4 D　(B) +5 D　(C) +8 D　(D) +10 D。

( ) 29. 當光線從空氣中入射水中，當入射角為 45 度時，其折射角為？

(A)32 度　(B)40 度　(C)45 度　(D)50 度。

( ) 30. 兩個厚度相同，曲率半徑相同，但材質折射率不同的鏡片。一片折射率 1.5，另一片折射率 1.66，何者屈光度較大？

(A)視鏡片形狀大小而定　　　　(B)折射率 1.5 的鏡片

(C)折射率 1.66 的鏡片　　　　(D)兩者相等。

( ) 31. 光線從某介質(n=1.5)由左至右進入一曲率半徑為 −10 cm 的球面玻璃(n=1.7)，試計算其折射面的屈光度為何？

(A) −1.00 D　(B) −2.00 D　(C) +1.00 D　(D) +2.00 D。

( ) 32. 當斜向入射的光線在水平方向及垂直方向的光線因入射角度不同而無法聚焦成一個點，在鏡片設計中具有重要意義，這是因為光學系統的何種缺陷？

(A)場曲(curvature of field)　　(B)彗差(coma)

(C)斜散光(oblique astimatism)　(D)畸變(distortion)。

( ) 33. 一個薄的玻璃鏡片(假設折射係數是 1.52)，前表面曲率半徑(radius)是 +5.0 cm，後表面曲率半徑是 −2.5 cm。若位於空氣環境中，此鏡片之屈光度為多少？

(A) +26.5 D　(B) +28.4 D　(C) +29.6 D　(D) +31.2 D。

( ) 34. 如下圖所示，何者為聚焦鏡(convergence lens)？(n，n' 表示該介質之折射係數)

(A)A 和 B　(B)B 和 C　(C)A 和 C　(D)C 和 D。

A

$n = 1.33$　$n' = 1.52$

B

$n = 1.33$　$n' = 1.52$

C

$n = 1.72$　$n' = 1.00$

D

$n = 1.00$　$n' = 1.72$

( ) 35. 有關光線行進在不同介質中的聚散度，下列敘述何者正確？

(A)聚散度會因為介質折射係數增加而其絕對值增加

(B)聚散度會因為介質折射係數增加而其絕對值減少

(C)聚散度不會因為介質折射係數增減而變化

(D)聚散度會因為介質折射係數增加而其值增加。

( ) 36. 近視鏡片的選擇中，下列何種材質製作出的鏡片邊緣厚度最薄？

(A)CR-39 樹脂(*n*=1.50)　　　　(B)聚氨酯(polyurethane)(*n*=1.59)

(C)聚碳酸酯(*n*=1.60)　　　　(D)高折射玻璃(*n*=1.7)。

( ) 37. 光波是帶有能量的電磁波，不同波長的光所帶的能量亦不同，下列那一種光波所帶的能量最高？

(A)紅光　(B)黃光　(C)藍光　(D)紫光。

( ) 38. 關於司乃爾定律(Snell's law)的敘述，下列何者錯誤？

(A)又稱為「折射定律」

(B)產生全反射的前提為光疏介質進入光密介質

(C)入射角大於臨界角時，會產生全反射

(D)從光疏介質進入光密介質時，折射線會偏向法線。

( ) 39. 當光線由介質 A 進入介質 B，若 A 的折射係數(refractive index)是 2.42，B 的折射係數是 1.0。則其產生的臨界角(critical angle)是多少度？

($\sin 16.99° = 0.29$；$\sin 0° = 0$；$\sin 24.40° = 0.413$；$\sin 90° = 1$)

(A) 16.99°　(B) 0°　(C) 24.40°　(D) 90°。

( ) 40. 今空氣中有一玻璃球面透鏡，折射率為 1.52，其表面曲率半徑為+12.00 cm，請問此表面屈光度最接近下列何者？

(A)+4.33 D　(B)+6.33 D　(C)+8.67 D　(D)+12.66 D。

( ) 41. 有關近視眼的敘述，下列何者正確？

(A)近視眼的遠點位於眼球後

(B)近視眼的近點位於眼球內

(C)近視眼用凹透鏡矯正

(D)平行光線進入近視眼的眼球，成像在視網膜之後。

(　) 42.　有關遠視的敘述，下列何者錯誤？
　　　　　(A)需用凸透鏡矯正
　　　　　(B)遠點為一虛像點
　　　　　(C)看近物時比看遠物時所需的調節量更少
　　　　　(D)一般年輕患者能夠透過調節而獲得相對清晰的遠距離視力。

(　) 43.　有關遠視眼的敘述，下列何者錯誤？
　　　　　(A)初生兒大部分是遠視　　　　(B)遠視眼看近物時較正視眼容易疲勞
　　　　　(C)用凸透鏡矯正　　　　　　　(D)遠視眼看遠物時一定較正視眼清楚。

(　) 44.　有關遠視眼的敘述，下列何者錯誤？
　　　　　(A)遠視眼成因可能是水晶體焦距太長
　　　　　(B)遠視眼成因可能是眼球太短
　　　　　(C)遠視眼情況是遠處物體成像在視網膜之前方
　　　　　(D)遠視眼矯正是配戴凸透鏡。

(　) 45.　遠視眼的物體成像聚焦在下列何處？
　　　　　(A)視網膜上　(B)水晶體內　(C)玻璃體內　(D)視網膜後。

(　) 46.　遠視眼需配戴何種鏡片矯正？是因為何種理由？
　　　　　(A)凹透鏡，因為凹透鏡能發散光線　　(B)凹透鏡，因為凹透鏡能會聚光線
　　　　　(C)凸透鏡，因為凸透鏡能發散光線　　(D)凸透鏡，因為凸透鏡能會聚光線。

(　) 47.　無限遠的點光源，經眼睛後光線聚焦在視網膜之後，則此眼睛的屈光狀態，
　　　　　下列敘述何者正確？①近視眼　②遠視眼　③用凸透鏡矯正　④用凹透鏡
　　　　　矯正
　　　　　(A)①③　(B)①④　(C)②③　(D)②④。

(　) 48.　因軸性引起的屈光不正分別有①正視②近視③遠視，其眼軸長度的排列一般
　　　　　為何？
　　　　　(A)② > ① > ③　　　　　　　(B)① > ③ > ②
　　　　　(C)① > ② > ③　　　　　　　(D)① = ② = ③。

( ) 49. 如下圖所示，*n* 及 *n'*為折射係數，該球面之曲率(radius)為 6.70 mm。則該球面之屈光力為多少？

(A) +149.25 D　(B) +198.51 D　(C) −4.48 D　(D) −49.26 D。

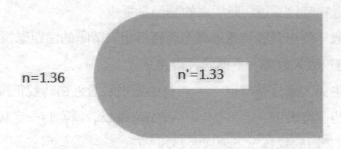

n=1.36　　n'=1.33

( ) 50. 承上題，其第二焦點(secondary focal point)之位置為何處？

(A)左側 29.69 cm　(B)左側 2.44 cm　(C)右側 2.36 cm　(D)右側 24.46 cm。

( ) 51. 下列有關光線聚散度，以屈光度敘述，何者正確？

(A)光線聚散度的單位是 diopter(D)。是與聚焦點距離的倒數，其距離的單位是公尺

(B)光線聚散度的單位是 diopter(D)。是與聚焦點距離的倒數，其距離的單位是公分

(C)光線聚散度的單位是公尺。是與聚焦點距離相等數值，其距離的單位是公尺

(D)光線聚散度的單位是公分。是與聚焦點距離相等數值，其距離的單位是公分。

( ) 52. 一個曲率半徑為 10 cm 的聚碳酸酯鏡片(polycarbonate, *n*=1.586)，其表面屈光力為何？

(A) +3.86 D　(B) +4.86 D　(C) +5.86 D　(D) +6.86 D。

( ) 53. 一束光線投射到 3 公尺深的一池水，其入射角為 30°。當這束光線投射到水底時，它會產生大約多少公分的位移？(水的折射率為 1.33)

(A) 22.09 公分　(B) 51.45 公分　(C) 121.76 公分　(D) 173.21 公分。

( ) 54. 一屈光力為+5.00 D 的球面，將空氣和水(*n* = 1.33)兩個介質分開。其球面的曲率半徑為多少？

(A) −20 公分　(B) +6.60 公分　(C) +26.60 公分　(D) +46.60 公分。

( ) 55. 人眼的光學成像可用簡化眼(reduced eye)作爲類比，若前焦點的屈光度爲 +60 D，眼球折射率爲 1.336，則其折射面的曲率半徑爲多少？

(A) +5.60 mm　(B) +7.20 mm　(C) +8.02 mm　(D) +11.20 mm。

( ) 56. 一個高度爲 30 公分的物體，放在一個+10.00 D 的凸透鏡前方 20 公分，其成像何者正確？

(A)與物體在鏡片的同側，高度 15 公分

(B)與物體在鏡片的同側，高度 30 公分

(C)與物體在鏡片的對側，高度 15 公分

(D)與物體在鏡片的對側，高度 30 公分。

( ) 57. 有關鏡片製造方程式(the lensmaker's equation)，下列何者錯誤？

(A)成像的位置取決於物體的位置

(B)鏡片放在空氣中與放在水中的折射能力會不同

(C)物體靠近鏡片多少距離，成像就遠離鏡片多少距離

(D)鏡片的折射能力取決於折射係數與表面曲率。

( ) 58. 有關厚透鏡成像的性質，下列敘述何者錯誤？

(A)凸透鏡可製成放大鏡，而且有會聚光線的作用

(B)厚透鏡不是只有單一焦距，而是具有多個焦距

(C)厚透鏡成像是利用光的折射原理

(D)凹透鏡在空氣中所成的像爲倒立縮小的實像。

( ) 59. 一實物體放在凹面鏡的焦距內，其成像爲何？

(A)縮小正立虛像　(B)縮小倒立實像　(C)放大倒立實像　(D)放大正立虛像。

( ) 60. 一物體經凸面鏡所成的像爲何？

(A)放大倒立實像　(B)放大倒立虛像　(C)縮小正立虛像　(D)縮小正立實像。

( ) 61. 物體放在一凸透鏡的二倍焦距上，其成像位於何處？

(A)一倍焦距內　　　　　　(B)介於一倍焦距至二倍焦距之間

(C)二倍焦距上　　　　　　(D)二倍焦距後至無限遠。

( ) 62. 欲使凸透鏡產生較原物大之實像，物體應放在何處？

(A)焦點內　　　　　　　　(B)二倍焦距外

(C)二倍焦距與焦點間　　　(D)放於任何位置均可產生較原物大之實像。

(　) 63.　一物體經平面鏡所成的像爲何？

(A)倒立實像　　(B)倒立虛像　　(C)正立虛像　　(D)正立實像。

(　) 64.　假設一個人站在平面鏡前 50 cm 處，則此人的影像會在鏡子後面多少距離？

(A) 25 cm　　(B) 35 cm　　(C) 50 cm　　(D) 100cm。

(　) 65.　一物體置於焦距爲 20 cm 的凹透鏡前 30 cm 處，則其成像的位置在何處？

(A)鏡前 12 cm　　(B)鏡後 12 cm　　(C)鏡前 60 cm　　(D)鏡後 60 cm。

(　) 66.　物體置放於凹透鏡二倍焦距時，成像爲何？

(A)縮小正立實像　　(B)縮小倒立實像　　(C)放大倒立虛像　　(D)縮小正立虛像。

(　) 67.　下列關於凹透鏡的成像敘述何者爲正確？

(A)一實物放置於凹透鏡前，其成像可能是實像或是虛像，正立或是倒立

(B)一實物放置於凹透鏡前，其成像可能是正立或是倒立的實像

(C)一實物放置於凹透鏡前，其成像可能是正立或是倒立的虛像

(D)一實物放置於凹透鏡前，其成像是正立的虛像。

(　) 68.　一個實物放置在焦距爲 20 cm 的凹透鏡前方 10 cm 處，其成像爲：

(A)鏡前約 6 cm 處，正立虛像　　(B)鏡前約 20 cm 處，正立虛像

(C)鏡後約 6 cm 處，倒立虛像　　(D)鏡後約 20 cm 處，倒立虛像。

(　) 69.　用一個+30.00 D 的凸透鏡看報紙，若放在距離報紙 2 cm 處，其成像位置爲何？

(A)與報紙在鏡片的同側，距離鏡片 5 cm

(B)與報紙在鏡片的同側，距離鏡片 10 cm

(C)與報紙在鏡片的對側，距離鏡片 5 cm

(D)與報紙在鏡片的對側，距離鏡片 10 cm。

(　) 70.　兩片透鏡組成的透鏡組，其中一−6.00 D 的透鏡位於+9.00 D 的透鏡左方 10 cm 處，當物體位於透鏡左方 25 cm 處時，請問成像的位置爲何？

(A) +9.00 D 的透鏡右方 25 cm 處　　(B) +9.00 D 的透鏡右方 11.1 cm 處

(C) −6.00 D 的透鏡右方 15 cm 處　　(D) −6.00 D 的透鏡左方 10 cm 處。

(　　) 71. 下列四種物像關係圖示(①、②、③、④)，那一個圖表示是實物成虛像？

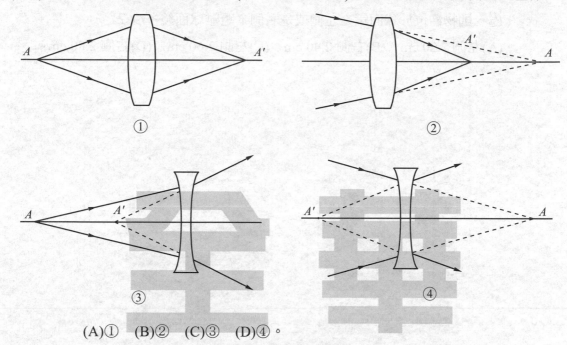

(A)①　(B)②　(C)③　(D)④。

(　　) 72. 一個實物如果要經由凸透鏡產生比實物大的虛像，物體應該要放在：

(A)焦點上　(B)焦點內　(C)焦點於兩倍焦距間　(D)兩倍焦距外。

(　　) 73. 一物位於薄透鏡左側 24 cm 處，成像位於透鏡左側 8 cm 處，此透鏡的焦距為何？

(A) –16 cm　(B) –12 cm　(C) –6 cm　(D) –3 cm。

(　　) 74. 當物體位在一焦距為 50 cm 的凸透鏡前無窮遠處，則成像位置會在何處？

(A)凸透鏡後方 50 cm 處　　　　　(B)凸透鏡前方 50 cm 處

(C)凸透鏡後方 20 cm 處　　　　　(D)凸透鏡前方 20 cm 處。

(　　) 75. 物體置放於凸透鏡小於一倍焦距時，成像為何？

(A)縮小正立實像　(B)縮小倒立實像　(C)放大倒立虛像　(D)放大正立虛像。

(　　) 76. 下列敘述何者正確？

(A)一實物體放在凸透鏡前焦點外，其成像為位在透鏡後方的正立實像

(B)一實物體放在凸透鏡前焦點外，其成像為位在透鏡後方的倒立實像

(C)一實物體放在凸透鏡前焦點外，其成像為位在透鏡後方的正立虛像

(D)一實物體放在凸透鏡前焦點外，其成像為位在透鏡後方的倒立虛像。

( ) 77. 若有一虛像位在屈光力+15.00 D 冕牌玻璃球面鏡(折射率為 1.52)左側 5.00 cm 處，則物體位於球面鏡之左側或是右側？距離球面鏡多少？

(A)左側 2.20 cm (B)右側 2.40 cm (C)左側 2.60 cm (D)右側 2.80 cm。

綜合練習試題答案

1. D	11. C	21. B	31. B	41. C	51. A	61. C	71. C
2. C	12. A	22. D	32. C	42. C	52. C	62. C	72. B
3. C	13. B	23. D	33. D	43. D	53. B	63. C	73. B
4. C	14. B	24. C	34. C	44. C	54. B	64. C	74. A
5. C	15. B	25. D	35. A	45. D	55. A	65. A	75. D
6. B	16. B	26. C	36. D	46. D	56. D	66. D	76. B
7. C	17. B	27. A	37. D	47. C	57. C	67. D	77. A
8. D	18. B	28. B	38. A	48. A	58. D	68. A	
9. B	19. A	29. A	39. C	49. C	59. D	69. A	
10. A	20. C	30. C	40. A	50. A	60. C	70. A	

歡迎加入 全華會員

● 會員享: 會員享購書折扣、紅利積點、生日禮金、不定期優惠活動……等。

● 如何加入會員

掃 QRcode 或填妥讀者回函卡直接傳真 (02) 2262-0900 或寄回，將由專人協助登入會員資料，待收到 E-MAIL 通知後即可成為會員。

如何購買 全華會員

1. 網路購書
全華網路書店「http://www.opentech.com.tw」，加入會員購書更便利，並享有紅利積點回饋等各式優惠。

2. 實體門市
歡迎至全華門市（新北市土城區忠義路 21 號）或各大書局選購。

3. 來電訂購
(1) 訂購專線：(02) 2262-5666 轉 321-324
(2) 傳真專線：(02) 6637-3696
(3) 郵局劃撥（帳號：0100836-1　戶名：全華圖書股份有限公司）
※ 購書未滿 990 元者，酌收運費 80 元。

OpenTech.com.tw 全華網路書店

全華網路書店 www.opentech.com.tw
E-mail: service@chwa.com.tw

※ 本會員制如有變更則以最新修訂制度為準，造成不便請見諒。

讀者回函卡

掃 QRcode 線上填寫 ▶▶

姓名：

生日：西元　　　年　　　月　　　日　性別：□男 □女

電話：(　　)　　　　　　手機：

e-mail：　　　　　　　　　(必填)

通訊處：□□□□□

學歷：□高中・職 □專科 □大學 □碩士 □博士

職業：□工程師 □教師 □學生 □軍・公 □其他

學校/公司：　　　　　　　　科系/部門：

需求書類：

□A. 電子 □B. 電機 □C. 資訊 □D. 機械 □E. 汽車 □F. 工管 □G. 土木 □H. 化工 □I. 設計

□J. 商管 □K. 日文 □L. 美容 □M. 休閒 □N. 餐飲 □O. 其他

本次購買圖書為：　　　　　　　　書號：

您對本書的評價：

封面設計：□非常滿意 □滿意 □尚可 □需改善，請說明

內容表達：□非常滿意 □滿意 □尚可 □需改善，請說明

版面編排：□非常滿意 □滿意 □尚可 □需改善，請說明

印刷品質：□非常滿意 □滿意 □尚可 □需改善，請說明

書籍定價：□非常滿意 □滿意 □尚可 □需改善，請說明

整體評價：請說明

您在何處購買本書？

□書局 □網路書店 □書展 □團購 □其他

您購買本書的原因？(可複選)

□個人需要 □公司採購 □親友推薦 □老師指定用書 □其他

您希望全華以何種方式提供出版訊息及特惠活動？

□電子報 □DM □廣告 (媒體名稱　　　　　　)

您是否上過全華網路書店？(www.opentech.com.tw)

□是 □否 您的建議

您希望全華出版哪些書籍？

您希望全華加強哪些服務？

感謝您提供寶貴意見，全華將秉持服務的熱忱，出版更多好書，以饗讀者。

填寫日期：　　　/　　　/

註：數字零，請用 Ø 表示，數字 1 與英文 L 請另註明並書寫端正，謝謝。

2020.09 修訂

親愛的讀者：

感謝您對全華圖書的支持與愛護，雖然我們很慎重的處理每一本書，但恐仍有疏漏之處，若您發現本書有任何錯誤，請填寫於勘誤表內寄回，我們將於再版時修正，您的批評與指教是我們進步的原動力，謝謝！

全華圖書 敬上

勘誤表

書號		書名	作者
頁數	行數	錯誤或不當之詞句	建議修改之詞句

我有話要說：(其它之批評與建議，如封面、編排、內容、印刷品質等⋯⋯)